Praxis Neue Medizin Verlag

Hut ab, Vorhang auf

Wir widmen dieses Buch all denen, die auf der Straße, in Form von Leserbriefen, im Internet, im beruflichen, familiären, öffentlichen und persönlichen Umfeld „Gesicht zeigen." Sie dienen damit dem Leben, der Lebensfreude und der wirklichen Wissenschaft als wichtiges Werkzeug für die Entwicklung der Menschheit und der Schöpfung. Lebensfreudige Spiritualität und echte Wissenschaft beleben und befruchten sich.

Praxis Neue Medizin Verlag

Ursula Stoll und Dr. Stefan Lanka

Corona

Weiter ins Chaos oder Chance für ALLE?

1. Auflage 2020
2. überarbeitete Auflage 2021
3. Auflage 2021

Autoren: Ursula Stoll und Dr. Stefan Lanka
Herausgeber: Praxis Neue Medizin Verlag
Lektorat: Annemarie Meixner, Stefanie Sigloch,
Giuliana Lüssi
Umschlagsgestaltung: Ursula Stoll
Umschlagmotiv: istockphoto; Autor/Bildnachweis: baona
ISBN: 978-3-942689-22-9

Praxis Neue Medizin Verlag
Ursula Stoll, Schulgasse 2, 74523 Schwäbisch Hall

Wichtiger Hinweis: Dieses Buch ist weder ein medizinischer Ratgeber, noch ersetzt es den Besuch bei Ihrem Therapeuten. Alle vorgestellten Informationen und Empfehlungen sind nach bestem Wissen und Gewissen von den Autoren überprüft. Dennoch können die Autoren und der Verlag keinerlei Haftung für Schäden irgendwelcher Art übernehmen, die sich direkt oder indirekt aus dem Gebrauch der hier veröffentlichten Anwendungen ergeben. Bitte nehmen Sie im Zweifelsfalle immer therapeutische Hilfe in Anspruch.

Praxis Neue Medizin Verlag

„Gegen Ende des Verlaufs ist die PCR (Anmerkung: Das ist ein spezielles Testverfahren) mal positiv und mal negativ. Da spielt der Zufall mit. Wenn man Patienten 2 x negativ testet und als geheilt entlässt, kann es zu Hause durchaus noch mal zu positiven Testergebnissen kommen. Das ist deswegen noch längst keine Reinfektion."
Prof. Dr. Drosten (Chefvirologe der Charité in Berlin, Twitter vom 13. April 2020)

„Jetzt ist der richtige Zeitpunkt", sagt Prof. Dr. Püschel dem Hamburger Abendblatt. Er fügt hinzu: „Die Zeit der Virologen ist vorbei."
Professor Dr. Klaus Püschel (Rechtsmediziner und Chef der Hamburger Rechtsmedizin)

Prof. Drosten rief dringend dazu auf, sich gegen die Schweinegrippe (2009) impfen zu lassen: „Bei der Erkrankung handelt es sich um eine schwerwiegende allgemeine Virusinfektion, die erheblich stärkere Nebenwirkungen zeigt, als sich irgendjemand vom **schlimmsten Impfstoff** vorstellen kann."
Prof. Dr. Drosten

„Je weiter sich eine Gesellschaft von der Wahrheit entfernt, desto mehr wird sie jene hassen, die sie aussprechen."
George Orwell, britischer Schriftsteller

Inhaltsverzeichnis

Prolog

von Ursula Stoll und Dr. Stefan Lanka

Eine Erregungswelle, genannt Corona, schwappte am 28. Januar 2020 nach Deutschland. Alles begann in China in der Provinz Wuhan, als am 1. Dezember 2019 der erste Patient mit einer unbekannten Lungenkrankheit registriert wurde. Die Öffentlichkeit wurde darüber nicht informiert. Am 31. Dezember gaben die chinesischen Behörden offiziell bekannt, dass 27 Menschen an einer mysteriösen Lungenkrankheit litten. „Das neue Virus soll vom Fischmarkt in Wuhan stammen", so die offizielle Meldung. Am 9. Januar 2020 meldete China den ersten Todesfall an dieser unbekannten Lungenkrankheit.
Anfang Februar 2020 erhielt das Virus seinen Namen, Cov-2, die Krankheit wurde Covid-19 genannt. Anstelle eines Virus, was auch propagiert wurde, verbreitete sich eine zerstörerische und angstmachende Welle rasant auf der ganzen Welt aus und führte zu einem fast weltweiten Lockdown. Erschreckende Bilder aus China, gefolgt von Italien und anderen Ländern erreichten uns täglich. Schon bald wurden Wuhan und fünf weitere Städte in China komplett abgeriegelt. Die Medien berichteten, dass in Italien extrem viele Menschen an Covid-19 verstorben seien. Unterlegt wurden diese Nachrichten mit Bildern von Leichenzügen, die vom Militär begleitet wurden. Es wurde von „Zuständen wie in Kriegszeiten" berichtet.
Schon bald informierte das Robert-Koch-Institut in Deutschland täglich über die Zahl der Infizierten und Toten, die ums Leben gekommen seien. Angstmachende Hochrechnungen über unzählige Tote folgten. Im März 2020 schlossen alle europäischen Länder ihre Grenzen und die Weltgesundheitsorganisation rief eine Pandemie* aus. Quarantäne-Maßnahmen, Ausgangssperren, Hamstereinkäufe, leere Straßen und Supermarktregale, furchteinflößende Bilder, Kurzarbeit, Schul- und Kindergartenschließungen, Besuchsverbote, Mundtuchpflicht, Versammlungsverbote, Ladenschließungen usw. prägten in den folgenden Monaten fast weltweit das Leben der Menschen.

* Sich weltweit ausbreitende, ganze Länder und Kontinente umfassende Seuche.

Doch Moment mal? Sind wir irgendwann falsch abgebogen? Haben wir den Überblick über die Zusammenhänge des Lebendigen verloren? Läuft hier nicht etwas ganz Wesentliches schief?
Woher wissen wir, dass es Viren gibt, die uns krank machen können? Glauben wir diese Theorie einfach ungeprüft, weil sie uns seit zwei Generationen so beigebracht wurde und dem offiziellen Weltbild entspricht? Oder wissen wir es wirklich? Haben wir nach einer wissenschaftlichen Publikation* gefragt, die uns die Existenz eines Virus beweisen kann? Haben wir nach einer wissenschaftlichen Arbeit gefragt, die beweist, dass kleine Teilchen (Viren) in unserem Organismus leben oder von anderen Menschen auf uns springen können, die uns dann krank machen? Die meisten von uns haben wohl einfach alles nur geglaubt und glauben es sicherlich immer noch...

Selbst wenn wir jetzt nicht nach einem naturwissenschaftlichen Beweis gefragt haben, reiht sich die Theorie über krankmachende „Viren" tatsächlich in die biologischen Zusammenhänge des Lebens ein?

Was würden Sie jetzt denken, wenn wir Ihnen sagen, dass Sie mit diesem Buch Informationen erhalten (die Sie selbstverständlich auf ihre Richtigkeit hin überprüfen sollten), die beweisen, dass es weder krankmachende Viren, noch Viren und Ansteckung gibt? Oder denken Sie „Nicht schon wieder! Von den Spinnern habe ich doch schon gehört?" Das Ausmaß der Verwirrung kennt keine Grenzen! Bedenken Sie bitte: Wir *glauben* nicht, sondern wissen, dass es keine Ansteckung und keine krankmachenden Viren gibt! Und dies möchten wir Ihnen mit diesem Buch erklären.

Es gibt jetzt mehrere Möglichkeiten für Sie: Entweder Sie werfen das Buch weg, oder Sie verschenken die Lektüre. Oder, wenn wir Ihr Interesse geweckt haben, stellen Sie sich bitte folgende Fragen:

* Unter einer wissenschaftlichen Publikation versteht man in der Medizin (in anderen akademischen Disziplinen ebenfalls) die Veröffentlichung einer wissenschaftlichen Arbeit in einer Fachzeitschrift. Ein wichtiges Kriterium einer wissenschaftlichen Publikation ist die Überprüfung der Arbeit (Peer Review) durch ein Expertengremium, das den Inhalt der Studie bewertet.

Kann es tatsächlich etwas Böses in der Natur geben, beispielsweise ein Virus, das die Fähigkeit besitzt, uns krank zu machen, oder vernichten zu wollen? Kann die Biologie tatsächlich etwas Schlechtes hervorbringen? Reiht sich diese Theorie über krankmachende Viren oder Bakterien wirklich in die biologischen Zusammenhänge des Lebens ein? Oder ist diese Annahme nur ein nicht bewiesenes Dogma, an das wir *glauben*?

Denken wir über diese Aussage nach, dann können wir nur zu dem Schluss kommen, dass hier der eigentliche Denkfehler liegt, denn dann wäre unsere eigene Biologie ja in der Lage, uns, also sich selbst, zu vernichten. Wenn das so wäre, wie hätten wir Millionen von Jahren überleben, geschweige denn uns weiter entwickeln können? Alles, was die Natur hervorbringt, läuft in einem perfekt organisierten Zusammenspiel ab. Wenn die Bäume im Herbst ihre Blätter verlieren, bedecken die Blätter den Waldboden und schützen die Wurzeln und den Boden vor der kommenden Kälte. Der Saft aus den Bäumen gelangt in die Wurzeln. Das Laub verwandelt sich mittels Mikroben und wird langsam wieder zu Erde. Das Ganze wird von einem perfekt ausgerichteten unterirdischen Netz, das gigantische Ausmaße besitzt, abgestimmt: Dem „Pilznetz". Billionen von Mikroorganismen steuern diese Vorgänge: Die Bäume, die Pflanzen, die Tiere, die Menschen – alles Leben auf diesem Erdball funktioniert nur durch dieses perfekte Zusammenspiel der Mikroorganismen.

Die Schulmedizin, bzw. die Virologie, behauptet, dass eine kleine Ansammlung bestimmter Gene (RNA- und DNA-Fragmente*) Viren seien und macht diese Idee für manche Krankheiten verantwortlich.

* Stückchen der Ribonukleinsäure (RNA) und der Desoxyribonukleinsäure (DNA); der Unterschied zwischen der RNA und der DNA liegt in der Zuckerart. Die DNA hat als Zucker die Desoxyribose und die RNA die Ribose. Es wird auch heute noch gelehrt, was jedoch widerlegt ist, dass in der DNA der Bau- und Funktionsplan des Lebens gespeichert sei. Es wird gelehrt, was jedoch unvollständig ist, dass die RNA die Fähigkeit besitzt, Eiweiße und Enzyme herzustellen. Es wird gelehrt, dass sich die RNA hierfür die DNA als „Vorbild" nähme und die sog. Gene ablesen würde. Die als RNA bezeichneten Moleküle ermöglichen aber auch ganz ohne DNA, Eiweiße und Enzyme des Körpers herzustellen. RNA-Moleküle sind neben den Mineralien der wesentliche Motor in der (für uns) Sichtbarwerdung des Lebens und seiner ständigen Anpassung und Entwicklung.

Das ist aber nicht richtig, weil es diese Ansammlung von Genen in der Realität nicht gibt, sondern diese stets nur gedanklich erzeugt werden, heute mittels enormer Rechenleistung.
Aus diesem Grund konnte die Virologie außer haltlosen Behauptungen noch nie einen überprüfbaren Beweis erbringen, dass es sogenannte Viren gibt und logischerweise auch nicht, dass diese Krankheiten auslösen.

Der Mensch lebt mit den Mikroorganismen und den sehr kurzen Stückchen an sog. Erbsubstanz (genannt Nukleinsäuren), die nur gedanklich und einem Zwangsdenken folgend, zu viralen Genen zusammengesetzt und als Viren tituliert werden, in einer vollendeten Symbiose und Homöostase (Gleichgewicht). Ohne Bakterien und ohne diese Vielzahl an kurzen Nukleinsäuren hätten wir ein großes Problem – unser Leben wäre zu Ende! (Anmerkung: Aus diesem Grund besitzen die Arzneimittel, die sogenannten Virostatika - Mittel gegen die Vermehrung von sog. Erbsubstanz, den Nukleinsäuren -verheerende Nebenwirkungen; mögliche Konsequenz: Tod).

Die behaupteten Viren können kein Problem sein, da es sie nicht gibt und in Kenntnis der Biologie auch nicht geben kann. Die Herausforderung besteht darin, die besseren Erklärungen und Erkenntnisse wahrzunehmen und zu verbreiten und, um das Verstehen zu erleichtern und zu ermöglichen, warum und wie es in der Geschichte zum Glauben an die Viren gekommen ist.
Der menschliche Organismus besteht aus mehreren Billionen beweglicher Kerne, die je nach Energiebedarf, mehr oder weniger konzentriert in den Gewebeschichten des Körpers vorkommen. Die Kerne sind voll mit langen Nukleinsäuren, die aktive Energie freisetzen. In den Geweben des Körpers sind auch etwa 100 Billionen Bakterien zu Hause. Zudem eine noch größere, bisher nicht abschätzbare Anzahl an kurzen Nukleinsäuren, die bei ständigem Auf- und Abbau eine unendliche Kombination derjenigen Moleküle des Lebens hervorbringen, die primär Energie freisetzen. Diese als RNA bezeichneten Moleküle ermöglichen - neben der bekannten Standard-Biochemie, die Eiweiße und Enzyme des Körpers herstellt - ständig neue biochemische Reaktionen, mit denen sich das Leben entwickelt, an die Umgebung anpasst und diese verändert. Sie sind der wesentliche Motor des Lebens und seiner ständigen Entwick-

lung. Sie werden als Bestandteile von Viren fehlgedeutet, indem sie nur gedanklich zu langen Sequenzen* aufaddiert werden, die dann als ein langes Ganzes als sogenannte Erbgutstränge von Viren ausgegeben werden, die es in Wirklichkeit nicht gibt.

Kann es sein, dass wir für die Erklärung des Lebens immer kleinere, jeweils unbekannte Moleküle und deren Interaktion heranziehen und dadurch den Wald vor lauter Bäumen nicht mehr sehen? Seit Jahrhunderten hat unsere rationelle Verstandesebene gearbeitet und beispielsweise immer mehr speziellere bildgebende Verfahren entwickelt, die noch so kleine Molekül-Gegebenheiten (scheinbar) darstellen können, um z.B. „Krebs" erklären zu wollen. Was hat uns das gebracht? Die Zahl der Krebserkrankungen ist von 2012 bis 2018 weltweit um 4 Millionen angestiegen und die Zahl der Krebstodesfälle hat um 1,4 Millionen zugenommen (Stand: 2018; Quelle: siehe Anhang 1). Laut einer Prognose der WHO** soll sich die Anzahl der jährlichen Krebsfälle weltweit bis zum Jahr 2040 verdoppelt haben (ausgehend vom Jahr 2018). Heute im Jahr 2020 erhält jeder dritte Europäer im Laufe seines Lebens eine Krebsdiagnose (Quelle: siehe Anhang 2).

Mit der Entwicklung der Elektronenmikroskope wurden typische Strukturen sterbender Zellen entdeckt, die umgehend als Viren tituliert wurden. Was hat uns das gebracht? Wenn wir jetzt nur an die SARS***-Geschichten denken: Das SARS-CoV (gehört auch zu den behaupteten Corona-Viren) aus dem Jahr 2003, das als äußerst gefährlich angekündigt wurde. Die WHO stufte es als „weltweite Bedrohung" ein und löste damit eine Welle von Panik aus. Weltweit wurde es für den Tod von 774 Menschen verantwortlich gemacht.

* Abfolge von Einzelelementen. In der Biologie wird die Sequenz bei Nukleinsäuren als die Abfolge der einzelnen Nukleotide bezeichnet. Bei Proteinen ist es die Abfolge der Aminosäuren in den Molekülen.

** Weltgesundheitsorganisation. Die WHO ist eine Organisation und keine Behörde. Sie wird zu 80 % privat finanziert (u.a. von Bill Gates) und zu 20 % finanziert sie sich über Beiträge der einzelnen Mitgliedstaaten.

*** SARS: Schweres Akutes Respiratorisches (bezieht sich auf die Atmung) Syndrom.

Ja und dann MERS*-CoV aus dem Jahr 2012, welches ebenfalls als äußerst gefährlich und hochansteckend gemeldet wurde. Weltweit sollen an MERS-CoV 858 Menschen gestorben sein. Geblieben sind seither die Angst und die Panik speziell vor SARS und vor den behaupteten krankmachenden Viren überhaupt.

Wir dachten, wir könnten mit diesem Wissen nach den Sternen greifen, doch in Wirklichkeit erkannten wir die Zusammenhänge immer weniger. Wir dachten in immer kleineren materialistischen Dimensionen. Am Ende hielten wir nicht den gewünschten Stern in der Hand, sondern die Corona-Krise und die Angst haben uns gepackt.

Mit der Krise haben wir jedoch jetzt die Chance, viel zu lernen und einen zivilisatorischen Entwicklungsschritt in Richtung Ganzheitlichkeit zu tun.
Wir können die Corona-Krise als anschauliches Beispiel dafür nutzen, aufzuzeigen, dass das materialistische Weltbild ausgedient hat und die Zeit für eine holistische** Betrachtung mehr als reif ist.

Wir werden Ihnen in diesem Buch viele Beispiele aufzeigen, damit Sie die Verbindungen ganzheitlich erfassen können. Diese Betrachtungsweise finden Sie als roten Faden in dieser Schrift – Sie finden Fakten und deren Gegenüberstellung, Sie treffen auf Tatsachen aus der (Impf- und Viren-) Geschichte und deren Zusammenhänge in der heutigen Zeit. Sie finden Informationen über die Universalbiologie, die es Ihnen ermöglicht, die biologischen Systeme zu begreifen und in Ihr Bewusstsein aufzunehmen. Wir geben Ihnen die Möglichkeit, dass Sie das, was Sie jetzt noch unter Krankheiten, Ansteckung und Viren verstehen, überdenken können und mit dem Wissen um die Universalbiologie begreifen. Damit werden Sie in die Lage versetzt, das Prinzip des Lebendigen zu erfassen und komplexe biologische Vorgänge und Verschmelzungen zu verstehen.

* Middle East Respiratory Syndrome-Coronavirus – Erkrankung der Atemwege.

** Unter Holismus versteht man eine Ganzheitslehre. Biologische Systeme und ihre Eigenschaften werden als Ganzes verstanden, sie beinhalten mehr als nur die Zusammensetzung ihrer einzelnen Teile.

Wenn Sie diese Hinweise mit Ihrem logischen Verstand aufnehmen und diese in Ihr Bewusstsein gelangen, wird Ihnen ein Stein vom Herzen fallen, weil Sie die wahren Zusammenhänge verstehen werden. Sie erhalten damit die Chance, Ihre Furcht vor Krankheiten, Ansteckung oder Viren dauerhaft abzulegen.

Mit diesem Buch möchten wir Sie dazu einladen, den Blick und alle Sinne schweifen und schärfen zu lassen, denn nur die vollständige Sicht vermag das GANZE zu sehen.

In diesem Sinne: Viel Spaß und Freude beim Lesen!

Ursula Stoll und Dr. Stefan Lanka

POSTBANK

St.

DE 81 600 100 700

800 742701

PBNKDEFF

24,80

Nr. 8310

Die Grundlagen – Covid-19, was ist das?

von Ursula Stoll

Wie schon erwähnt, wurde das behauptete Virus SARS-Cov-2 genannt und die damit in Verbindung gebrachte Krankheit Covid-19 getauft. SARS-Cov-2 wird zur Großfamilie der Corona-Viren gezählt, die allesamt für die Erkältungssymptome verantwortlich gemacht werden. Die neu ausgerufene Krankheit, Covid-19, unterscheidet sich **NICHT** von dem Symptomenkomplex „grippaler Infekt" oder „Grippe". Bei beiden Krankheitsbildern können Husten, Schnupfen, Fieber, Störungen des Geruchs- und/oder Geschmackssinns, Müdigkeit oder eine Lungenentzündung auftreten – zumindest unter der schulmedizinischen Betrachtungsweise. Insbesondere ältere Menschen und Menschen mit Vorerkrankungen leiden stärker an den genannten Symptomen. Das ist aber nichts Neues, sondern eine Tatsache, die schon immer beobachtet wurde - ein jahrtausende- altes Wissen.

Die angenommenen Corona-Viren werden schon seit vielen Jahrzehnten als Verursacher für die verschiedenen Erkältungssymptome herangezogen. Hier kam erstmal nichts Neues hinzu. Was mit Cov-2 neu dazu kam, war eine weltweit geschürte Panikmache, die sich mittels Internet schnell verbreiten konnte und zu einem globalen Lockdown geführt hat (wir werden die Ursachen hierfür noch eingehender beleuchten). Die Angstmache mit einem fiktiven Killervirus hatten wir zwar auch schon mehrfach (z.B. 2006 bei der Vogelgrippe und 2009 bei der Schweinegrippe), aber diesmal hat die Weltgesundheitsorganisation (WHO) schon nach wenigen Wochen eine „gesundheitliche Notlage von internationaler Tragweite" ausgerufen und damit die Angst potenziert, die mit der ausgerufenen Pandemie in eine weltweite Panik ausgeufert ist. Mit der als neu behaupteten Krankheit, Covid-19, verband sich in noch nie dagewesener Weise so viel Aufregung, Angst, Unkenntnis, blinder Aktionismus, korrupte und skrupellose Geschäftsinteressen, wie man es nie zuvor gesehen hatte. Man muss aber auch dazu sagen, dass noch nie so viele Menschen diese „medizinische Tragweite" hinterfragt und durchschaut haben und in ehrlicher, wissenschaftlicher und menschlicher Weise ihre neu gewonnenen Erkenntnisse verbreiten. Es wurden viele Anfragen an wissenschaftliche Institute, Gesundheitsämter usw. gestellt, die bisher nicht oder nicht wahrheitsgemäß, in wissenschaftlicher Art und Weise beantwortet wurden.

Als China Wuhan und fünf weitere Städte komplett von der Außenwelt abriegelte, glaubten alle, dass ein hochansteckendes und supergefährliches Virus unterwegs war und immer noch unterwegs ist. Im Prinzip war China Vorbild für die komplette Welt, mit Ausnahme von Schweden, Japan, Weißrussland und Südkorea. Aber davon später. 4648 Menschen sollen in China von Dezember 2019 bis zum 2. Juli 2020 an Covid-19 verstorben sein (Quelle: Siehe Anhang 3), in einem Land, in dem einer Studie zufolge, jeden Tag 4000 Menschen aufgrund der dort bestehenden schlimmen Luftverschmutzung sterben (Quelle: Siehe Anhang 4). Wodurch unterscheiden sich diese beiden Todesursachen? Die Antwort ist einfach: Die eine Ursache beinhaltet die Idee der Ansteckung, die andere nicht. Beide Erkrankungen können sich durch ähnliche Symptome zeigen, dennoch führen sie in der Schulmedizin zu unterschiedlichen Prognosen und Maßnahmen.
Den Unterschied zwischen diesen beiden Todesursachen werden Sie am Ende dieses Buches umfassender erkennen können.

Stellen Sie sich bitte Folgendes vor: Es ist das Jahr 2018 und Sie leiden unter Husten, Schnupfen und Fieber. Sie werden sich vielleicht ins Bett legen und viel schlafen. Wenn Sie eine Krankmeldung benötigen, werden Sie Ihren Hausarzt aufsuchen. Stellen Sie sich vor, Sie bekommen die gleichen Symptome im April 2020. In diesem Fall gehen Sie auf alle Fälle zu Ihrem Hausarzt und der wird einen „Corona-Test" veranlassen. Überlegen Sie sich an dieser Stelle nur, welche unterschiedlichen Gefühle Sie heimsuchen.

Wenn man Viren als Ursache für Krankheiten verantwortlich macht, glaubt man natürlich auch an Ansteckung. Es sei schon einmal an dieser Stelle erwähnt, dass bis zum heutigen Tag das fiktive Cov-2-Virus nicht wissenschaftlich nachgewiesen worden ist. Wir werden in den folgenden Kapiteln diese Aussage beweisen.
Wenn man Viren als Auslöser für Krankheiten annimmt, kann man selbstverständlich auch behaupten, dass jemand „infiziert" ist und es nicht bemerkt. Die

Infektion soll (in diesem Zusammenhang) symptomlos verlaufen. Man kann beteuern, dass es leichte und schwere Verläufe gibt. Wer nur leicht oder gar nicht erkrankt, hat ein besseres sogenanntes Immunsystem als jemand, der schwer erkrankt. Die Lungenentzündung gehört nach schulmedizinischer Ansicht zu den schweren Verläufen. Wie kann sich aber jemand von einer Lungenentzündung wieder erholen, wenn er aufgrund eines angeschlagenen Immunsystems erkrankt ist? Ein schwaches Immunsystem soll krank machen, aber wenn man dann erkrankt ist, soll das schwache Immunsystem einem wieder auf die Beine helfen?

Wenn man Viren als Ursache für eine Krankheit heranzieht, kann man dann sagen, dass das Virus Sommerurlaub macht und im Herbst zurückkehrt? Oder, dass es keinen Urlaub macht und im Sommer erscheint...?

Wenn man an krankmachende Viren glaubt, kann man fantasieren, dass sich das Masernvirus vorwiegend nur Kinder aussucht und Corona (SARS) schlau genug ist, sich nur als Atemwegserkrankung zu zeigen und überwiegend Erwachsene „befällt". Ebola führt zu Durchfall, Mumps zu einer Ohrspeicheldrüsenentzündung... Die kleinen „Biester" wissen also genau, was sie machen müssen...
Haben Sie darüber schon einmal nachgedacht?: Wenn Sie Husten und Schnupfen haben und der Corona-Test positiv war, nimmt die Schulmedizin an, dass sich überall in Ihrem Körper Viren befinden. Und diese Viren sollen dann nur bestimmte Symptome hervorrufen? Wie soll das funktionieren? Wir sprechen jetzt hier nicht von einer Lebensmittelvergiftung, die in jedem Fall beispielsweise zu Durchfall und Erbrechen führt, damit das Gift ausgeschieden werden kann. Eine Lebensmittelvergiftung kann keine Ohrspeicheldrüsenentzündung hervorrufen.

In Italien wurden besonders viele Tote durch Covid-19 behauptet. Schweden, Japan, Weißrussland und Südkorea, die ohne radikale Maßnahmen ausgekommen sind, haben keine erhöhte Sterblichkeit gemeldet (Quelle: siehe Anhang 5). Das angenommene Virus ist also intelligent genug zwischen den Ländern zu unterscheiden? In dem einen Land sorgt es für eine Übersterblichkeit, in den anderen Ländern nicht?

Im Prinzip sind der Fantasie über die imaginären Viren keine Grenzen gesetzt, weil alles eine Glaubensfrage ist. Der Glaube an krankmachende Viren ist so fest in den Köpfen der Menschen verankert wie die damalige Doktrin der Kirche, dass die Erde der Mittelpunkt des Universums ist. Oder denken Sie noch immer, dass die Erde eine Scheibe ist? Was hat die Menschen dazu veranlasst zu begreifen, dass die Erde keine Scheibe und auch nicht der Mittelpunkt des Universums ist? War es die rein logische Verstandesebene, oder war es die Sprengung der diktatorischen Supermacht Kirche, die die Menschen verstehen ließ? Oder konnte diese Ablösung durch einen naturwissenschaftlichen Beweis eingeleitet werden?

Muss die Menschheit erst leidvolle Phasen durch eine Diktatur erfahren, um aufzuwachen und begreifen zu können? Oder wurde der Wendepunkt - in ein anderes Weltbild - schon längst mit (der Installation) der Corona-Krise eingeleitet? Kann diese Krise eine Umkehrphase einleiten, hinein in ein ganzheitliches Weltbild? Wir denken: Ja, absolut!

Betrachten wir die Corona-Krise zunächst einmal in einer mechanistischen, logischen Denkweise (die der Großteil der Menschen jetzt noch bedient) und tragen wir an dieser Stelle nur die Fakten zusammen. Es wird Ihnen schnell auffallen, dass es zwei „große Lager“ gibt, die sich mit den Tatsachen auseinandersetzen. Das eine „Lager“ besteht, grob gesagt, aus den Politikern, dem Robert-Koch-Institut, der Weltgesundheitsorganisation (WHO) und der Charité in Berlin (Prof. Dr. Drosten, Chefvirologe). Sie bestimmen derzeit, was getan oder nicht getan werden darf. Während (noch) die überwiegende Mehrheit der Bevölkerung mit den Maßnahmen der Regierung einverstanden ist, weil sie davon ausgehen, dass die drakonischen Maßnahmen uns vor dem bösen „Killervirus“ retten, stellt eine kritische Menge diese in Frage.

Zu den kritischen Menschen zählen auch Experten, wie z.B. Prof. Bhakdi, Dr. Wodarg, Dr. Püschel, Dr. Haditsch, Dr. Köhnlein, Dr. Streeck, Dr. Häring, Dr. Schiffmann, Dr. Kaufmann, Prof. Dr. Ullum, Prof. Dr. Levitt, Prof. Dr. Oxford, Prof. Dr. Mölling, u.v.a., die mittlerweile als Verschwörungstheoretiker diffamiert werden.

Hierzu gehören auch sehr viele medizinische Koryphäen, die ausreichende praktische Erfahrungen und eine langjährige Berufserfahrung vorweisen können. Beispielsweise Dr. Wodarg. Er ist Lungenfacharzt, Seuchenexperte, arbeitete viele Jahre an öffentlichen Akademien für das Gesundheitswesen für Arbeitsmedizin in Berlin in den Fachbereichen Epidemiologie und Gesundheitsökonomie. Dr. Wodarg war auch an der John Hopkins University in Baltimore tätig, er war Schiffsarzt, Hafenarzt und Amtsarzt und hat eine ziemlich lange Vita. Das Wichtigste jedoch ist, Dr. Wodarg hat Erfahrung im Umgang mit kranken Menschen. Als im Jahr 2009 die Schweinegrippe an den Start ging, amtierte Wodarg noch als Chef des Unterausschusses für Gesundheit in der parlamentarischen Versammlung des Europarates. Dr. Wodarg machte die Schweinegrippe zum Thema im Europarat und nannte sie einen der „größten Medizinskandale des Jahrhunderts". Initiiert wurde die Versammlung von Dr. Wodarg unter dem Motto: „Gesundheitsgefahr durch gefälschte Pandemien mit dem Einfluss der Pharmaindustrie auf die weltweite Kampagne gegen die Vogel- und Schweinegrippe." In seinem Antrag kritisierte Dr. Wodarg die Beeinflussung von Wissenschaftlern und Behörden durch geschäftstüchtige (besser geschäftssüchtige) Pharmaunternehmer (Quelle: siehe Anhang 6). Damals hat sein Einsatz den Schwindel aufgedeckt.

Prof. Bhakdi ist deutscher Facharzt für Mikrobiologie und Infektionsepidemiologie. Er ist emeritierter Professor der Johannes-Gutenberg-Universität in Mainz und war von 1991 bis 2012 Leiter des Instituts für medizinische Mikrobiologie und Hygiene. Diese beiden Koryphäen waren die ersten, die sich zu Wort meldeten und die überbordenden Maßnahmen der Regierung kritisierten.

Demgegenüber stehen Fr. Dr. Merkel (Physikerin), Hr. Spahn (Bankkaufmann), Dr. Wieler (Tierarzt), Hr. Söder (Jurist), Prof. Dr. Drosten (Virologe) und die Weltgesundheitsorganisation (WHO), die hauptsächlich privat finanziert ist und nur 4 % ihrer Gelder in die Gesundheit steckt. Am 14.10.2020 haben sich Frau Merkel und die Minister der Länder zum Corona-Gipfel getroffen, um weitere Vereinbarungen und Beschlüsse bekanntzugeben. An diesem Gipfel nahm ein noch nicht so bekannter Virologe – Michael Meyer-Herrmann – teil. Meyer-Herrmann ist Leiter am Helmholtz-Zentrum für Infektionsforschung, er fordert

striktere Maßnahmen im Kampf gegen Corona. Am Rande bemerkt: Das Helmholtz-Zentrum wird mit über 10 Millionen Dollar von der Gates-Stiftung finanziert und arbeitet seit einem Jahrzehnt eng mit der Stiftung zusammen (Quelle: Siehe Anhang 112).
Die WHO und das RKI (Robert-Koch-Institut) werden ebenfalls vornehmlich über die Bill-und-Melinda-Gates-Stiftung finanziert. Ob man da noch von unabhängigen Forschungen sprechen kann, sei dahingestellt. Am 28.10.2020 ist es dann soweit, Bundeskanzlerin Merkel verkündet einen weiteren, weitgehenden Shutdown des sozialen Lebens: Ab dem 2. November 2020 werden bundesweit die Gastronomie und die Freizeit-Einrichtungen (z.B. Theater, Opern Freizeitparks, Fitnessstudios, Spielhallen, usw.) geschlossen. Unterhaltungsveranstaltungen werden verboten. Kontakte in der Öffentlichkeit sowie das Feiern auf Plätzen und in Wohnungen werden massiv eingeschränkt. Die Maßnahmen sollen bis Ende November gelten.
Fr. Merkel, Hr. Spahn und Hr. Söder haben weder eine medizinische Ausbildung noch praktische Erfahrungen im Umgang mit Kranken. Aus diesem Grund nimmt der Großteil der Bevölkerung an, dass sich die Regierung vom Robert-Koch-Institut und von den Mitarbeitern der Charité beraten lässt, um Entscheidungen und Maßnahmen zu treffen. Zwar haben Prof. Dr. Drosten und Dr. Wieler (Tierarzt) eine medizinische Ausbildung, aber auch ihnen fehlt die Erfahrung im Umgang mit kranken Menschen. Sie haben schlichtweg keinen Überblick vorzuweisen. Aus diesem Grund gibt Drosten auch offen zu, dass kranke Menschen besser zu einem erfahrenen Arzt gehen sollten und sich nicht von ihm behandeln lassen sollten.
In Fällen, in denen ein Mensch krank wird, sollte es obere Priorität eines jeden Mediziners sein, die Lebensumstände und die Vorgeschichte des Patienten genau anzuschauen, um ein Verständnis für die Krankheit und v.a. für den Krankheitsverlauf zu bekommen. Äußerst wichtig bei dieser Betrachtung ist das Niveau der sozialen Sicherheit, das beispielsweise mit steigender Arbeitslosigkeit, Vereinsamung, Trennungen, Sterbefällen innerhalb der Familie, usw. zuverlässige Prädikatoren für die Verbreitung von Seuchen bildet.
Wer aus der Geschichte gelernt hat, weiß, dass die Faktoren, wie z.B. verschmutztes Trinkwasser, Vitamin- und Eiweißmangel, Unterernährung oder mangelhafte Ernährung usw. ebenfalls ausschlaggebende Ursachen sind, um

Seuchen auszulösen. Diese umfassenden Kriterien müssen bei der Behandlung von Kranken wahrgenommen und erfasst werden. Stattdessen wird durch ein Mikroskop geschaut, ein sogenanntes Virus wird erfunden, erhält einen Namen und die Behandlungen werden standardisiert – das ist grobe Fahrlässigkeit bei der Betreuung von kranken Menschen!

Weil die Tatsachen und die Maßnahmen der Regierung sich vehement widersprechen und gegen jegliches medizinisches Verständnis verstoßen, meldeten und melden sich zahlreiche Experten zu Wort. Die bekanntesten von ihnen sind, wie gesagt, Prof. Bhakdi und Dr. Wodarg – aber Sie werden mit dieser Lektüre darüber informiert, dass sich mittlerweile über 1000 Experten vorwiegend aus dem medizinischen und juristischen Bereich zu Wort gemeldet haben und die Maßnahmen der Regierung fachlich und substanziell kritisieren.
Am 16.10.2020 schrieben über 40 Ärzte in Deutschland einen offenen Brief an Frau Merkel. Die Unterzeichner fordern eine sofortige Beendigung der ineffektiven und schädlichen „Infektionsschutzmaßnahmen“ (Quelle: Siehe Anhang: 7).

Beide „großen Lager“ denken mit der rationellen Verstandesebene im materialistischen Weltbild. Umso wütender macht es, dass die Regierung es verhindert, die kritischen Stimmen anzuhören, denn die Verstandesebene lebt vom Austausch und nicht von der Diktatur. Bis zum heutigen Tag (05.11.2020) lehnt die Bundesregierung eine gemeinsame Diskussion mit verschiedenen Medizinern und anderen Experten, die u.a. das Ziel haben, den Schaden zu begrenzen, kategorisch ab. Dabei wäre es dringend nötig, unterschiedliche Fachrichtungen an einen runden Tisch zu setzen, denn Politiker und Virologen besitzen ein nur sehr begrenztes Informationsniveau in Sachen Medizin.

Dieses geringe medizinische Wissen kann selbstverständlich auch ein Grund dafür sein, dass Politiker keine anderen Stimmen anhören wollen, denn um ihren derzeitigen Aktionismus zu rechtfertigen, müssten sie eine sachliche Basis vorweisen können, die sie nicht haben.
Ich bin mir sicher, dass jede Krankenschwester bei den unten genannten Fakten, intelligenter argumentieren kann als jeder Politiker. Klar, denn jede Kran-

kenschwester, jeder Mediziner konnte durch praktische Erfahrung lernen und verstehen. Aus diesem Grund ist medizinisches Fachpersonal Politikern und Virologen in Sachen Gesundheit weit voraus. Doch warum ist diese Tatsache weder den Politikern noch den Virologen klar? Sie sind doch geistig nicht vollkommen unbewaffnet.
Warum wollen Politiker und Virologen keinen Austausch mit praktischen Medizinern? Ist es Arroganz, Selbstgefälligkeit, Gier, Hochmut, Starrsinn, Angst vor Versäumnis/Wertlosigkeit oder ihre gegen das Leben gerichtete Machtposition, die sie derzeit auskosten (= die Angst vor Vergänglichkeit) und die sie davon abhält, andere Stimmen anzuhören und zu lernen? Oder ist es wirklich das simple Bestreben als Corona-Eiskönigin unversehrt in die Geschichtsbücher zu gelangen?
Natürlich stehen Politiker unter einem hohen Erwartungsdruck und werden von Versagensängsten und drohenden Wahlschlappen getrieben, aufgrund derer sie versuchen, durch ein mediales Dauergetöse, in das sie Milliarden von Steuergeldern stecken, ihren geringen Bildungsstand in Sachen Medizin zu überdecken. Wir wissen, dass viele von ihnen unter dem Einfluss von Pharmalobbyisten stehen und sicherlich auch durch diese starken Bande zu unbedachten Überreaktionen neigen, wie es aktuell der Fall ist. Aber wäre es jetzt nicht dringend an der Zeit zu diskutieren, und die Angelegenheit durch ein Teleskop zu betrachten? Ist es wirklich so schwer für unsere Politiker, Gesicht zu zeigen? Ehrlichkeit und die damit einhergehende Lernbereitschaft ist definitiv zielführender für das Leben eines jeden Einzelnen, als sich unter die Knute von Lobbyisten zu begeben.
Man kann doch nur durch eine Zusammenschau vieler verschiedener Disziplinen ein professionelles und besonnenes Konzept erarbeiten. Das sollte doch das Ziel sein – zum Wohle aller Menschen. Oder steckt die Antwort auf diese Fragen ganz woanders?

Es ist wirklich eine dramatische Entwicklung, dass die drakonischen Maßnahmen der Regierung diktatorische Zustände hervorgerufen haben und dass es bis dato **nie** zu einem kompetenten Austausch mehrerer Experten gekommen ist. Einen Grund dafür haben wir schon genannt. Es gibt aber eine noch viel schwerer lastende Ursache dafür, dass kein Dialog stattfinden darf. Diesen

Grund können Sie jedoch erst verstehen, wenn Sie diese Lektüre bis zum Ende gelesen haben.

Wir möchten diesen Austausch mit dieser Schrift auf den Weg bringen. Wenn auch nicht mit den Politikern und Virologen, so doch mit Ihnen – Sie sind die wichtigste Stimme.

Wir werden Gegebenheiten aufzählen und diese Fakten gegenüberstellen, die von Medizinern aufgestellt worden sind. Sie werden bald merken, dass an mehreren Stellen Glatteis-Gefahr droht und Sie hineinrutschen können in ein Gebilde, das Sie *schon* auf d**er** erste**n** Stufe einer anderen Betrachtungsweise/Bewusstseinsebene Halt finden lässt.

Vermutlich werden Sie etwas später erkennen können, warum die Regierung ausgiebig darüber aufklärt, wer seit der Krise zu den Verschwörungstheoretikern, Spinnern, Esoterikern, Querfrontlern und Corona-Leugnern gezählt werden muss und wer nicht.

Aber der Reihe nach - zunächst einmal die Fakten, damit Sie sich selbst ein Bild machen und hinterfragen können:

Die weltweite Corona-Situation

von Ursula Stoll

Die Monate März bis August 2020 wurden geprägt von Kontaktverboten gegenüber unseren alten Mitmenschen in Pflegeheimen, die aufgrund dessen vereinsamten, Angst hatten und zum Teil völlig verzweifelt waren. Manche von ihnen hatten das Essen aus Einsamkeit verweigert und sind völlig ausgezehrt gestorben.

Viele starben allein, weil selbst die Tochter und/oder der Sohn während des Sterbeprozesses nicht in die Heime gelassen wurden, oder zu spät und im schlimmsten Fall gar nicht informiert wurden.

Den Enkelkindern wurde erklärt, dass sie Oma und Opa nicht besuchen könnten, weil sie sie krank machen könnten. Im weiteren Verlauf werden dadurch wichtige Bindungen innerhalb der Familien dauerhaft zusammenbrechen. An Demenz erkrankte Menschen konnten durch die längere Kontaktsperre ihre eigene Familie nicht mehr erkennen, die sie vorher noch erkannt hatten. Dadurch wurde ihnen das Letzte genommen, was ihnen noch geblieben war.

Die Kinder werden durch die Kontaktsperren noch mindestens bis in die nächste Generation einen Schaden davon tragen, weil ihnen glaubhaft vermittelt wurde, dass sie ihre Großeltern oder Freunde „anstecken" können. Dann lieber keinen Kontakt, denken die Kinder, weil sie ihren Opa/ihre Oma und ihre Freunde lieben. Die Großeltern werden aus Angst vor Ansteckung ihre Enkelkinder nach der Aufhebung des Kontaktverbots nur zögerlich wieder in die Arme schließen. Die Kinder merken das natürlich und werden weitere Kontakte eher vermeiden.

Durch die Mundtuchpflicht, die bis in den Oktober hinein besteht (es ist noch kein Ende in Sicht – Stand 17.10.2020), haben die Kinder Schwierigkeiten, die Mimik der Gesichter ihrer Mitmenschen zu deuten – dauerhaft werden sie dadurch eine wichtige soziale Kompetenz nicht ausreichend entwickeln können. Die alten Menschen bekommen durch das Tragen des Mundtuchs und der damit verbundenen Kohlendioxid-Rückatmung schwer Luft – dadurch sind sie anfälliger für Atemwegserkrankungen (Quelle: Siehe Anhang 113).

Unseren Kindern verweigerte man Berührungen mit den Großeltern und Freunden: Ihnen wurde vermittelt, dass sie eine potenzielle Gefahr darstellen. Sie mussten einen Mindestabstand einhalten und in manchen Bundesländern schon mit zwei Jahren in der Öffentlichkeit eine Maske tragen. Die Spielplätze waren verwaist und mit Absperrbändern versehen, in den Innenstädten sahen unsere Kleinen nur noch vermummte Gesichter. Bis Juni wurde ihnen das Recht auf Bildung genommen und damit wurde weitreichend ein wichtiges Gebiet der Kinder beschnitten, die Entwicklung der sozialen und emotionalen Kompetenz.
Als das Schulverbot teilweise wieder aufgehoben wurde, durften die Kinder nicht mehr in der Schule gemeinsam essen: Damit wurde ihnen eine weitere Gemeinsamkeit gestrichen. Auf dem Pausenhof müssen die Kinder auch nach den Sommerferien (September 2020) Abstand halten und eine Maske tragen. Als sei das alles nicht genug, müssen die Kinder in manchen Bundesländern im Klassenzimmer ein Mund-Nasen-Tuch tragen. In manchen Bundesländern „nur" auf dem Pausenhof. Ende Oktober 2020 kündigte Frau Merkel den „Lockdown-Light" an, der Anfang November in Kraft getreten ist: In allen Bundesländern müssen die Kinder ab der 5. Klasse im Klassenzimmer eine Mund-Nasen-Bedeckung tragen. Die Klassenräume müssen stoßweise gelüftet werden. Zum Teil sitzen die Kinder mit Mütze, Schal und dickem Mantel in den Klassenräumen.

Die zwischenmenschlichen Beziehungen entfielen, die Spielplätze, die Sportveranstaltungen, Freizeitbäder durften nicht mehr besucht werden. Familien wurden gezwungen, ihr Leben auf den Wohnraum und den Einkauf von Lebensmitteln zu beschränken.
Aus Angst vor dem unbekannten Virus zwingen die Eltern ihre Kinder, sich ständig die Hände zu waschen und Desinfektionsmittel zu benutzen. Haben unsere Kinder vielleicht noch bis in den April hinein die „Ferien" gefeiert, die Maske wie zum Fasching getragen und sich mit Handy und/oder Laptop von den bestehenden Kontaktsperren abgelenkt, haben sie spätestens im Mai ihre Großeltern und Freunde vermisst, und so wurde aus dem anfänglichen Spaß bitterer Ernst. Auf vielen Gesichtern unserer Kinder kann man erkennen, dass sie unter der Situation zunehmend leiden.

Der Großteil der Bevölkerung wird die Kontaktbeschränkungen und das Mundtuch als sinnvoll erachten, da sie von Ansteckung ausgehen und selbstverständlich nicht ihre Eltern (Großeltern) und Freunde infizieren wollen. Eine Mundschutzpflicht finden sie absolut sinnvoll, damit das Virus sich nicht verbreitet. Keiner von Ihnen hat die Information über die Presse erhalten, dass ein Mundtuch noch nicht einmal alle Bakterien filtern und schon gar nicht behauptete Viren aufhält (mehr Informationen zu diesem Thema finden Sie auf Seite 140). Werden oben genannte kritischen Aussagen gehört, denken die meisten: Ja, immerhin besser als an Covid-19 zu sterben. Aber was wäre, wenn es diese von außen kommenden Feinde gar nicht gibt?

Die vergangenen Monate (März bis August 2020) wurden bestimmt von Home-Office und Home-Schooling, Kurzarbeit und Massenentlassungen. Zusätzlich zu der Angst, krank zu werden (wegen des neuartigen Virus) und womöglich zu sterben, werden andere existenzielle Ängste auf den Höhepunkt gepeitscht. Beispielsweise der Verlust des Arbeitsplatzes, Armut, Alleinsein, usw.
Völlig überlastete Eltern oder Alleinerziehende mussten während ihrer Arbeit von zu Hause aus (samt der drohenden Panik vor einem vollständigen Arbeitsverlust) mit ihren Kindern die Schularbeiten erledigen. Die Kurzarbeit und die damit einhergehende Belastung führte in vielen Familien zu verstärkter häuslicher Gewalt, zu erhöhtem Alkoholkonsum und Suiziden. Laut einer Untersuchung des „Zentralinstituts für seelische Gesundheit" in Mannheim und dem Klinikum Nürnberg vom 02.07.2020 an dem rund 3200 Menschen an einer Online-Studie teilgenommen hatten, gaben 37 Prozent der Befragten an, dass sie seit dem Shutdown mehr Alkohol trinken als vorher. Bei Raucher/Innen (28 Prozent der Teilnehmer) ergab sich ein ähnliches Bild: Über 40 % gaben einen gesteigerten Konsum an (Quelle: Siehe Anhang 8).

Der US-TV Sender ABC berichtete, dass Ärzte und Krankenschwestern in Kalifornien (John Muir Medical Center) sagten, sie hätten innerhalb von nur vier Wochen so viele Suizidversuche wie sonst in einem ganzen Jahr (Quelle: Siehe Anhang 9). Die Zeitschrift Focus vom 18.05.2020 informierte in einem Gespräch mit Michael Tsokos (Rechtsmediziner an der Charité in Berlin), dass eine neue Art von Suizid-Motiv vor uns liegt (Michael Tsokos): „Nämlich, dass Menschen aus Angst vor dem Tod (Corona) den Tod als Ausweg wählen." Auch die australischen Experten fürchten eine Suizidwelle in Folge der seelischen und finanziellen Nachwirkungen in Zusammenhang mit Corona. In einer Modellrechnung gehen die Forscher von 750 bis 1500 zusätzlichen Suiziden jährlich in den kommenden fünf Jahren aus. Das entspräche einem Anstieg von 25-30 Prozentpunkten (Quelle: Siehe Anhang 10).

Der Großteil der Menschen wird diese folgenschweren Verläufe vielleicht als qualvolles Nebenprodukt verbucht haben, da sie an krankmachende Viren glauben. Nach dem Motto: „Einen Preis mussten wir bezahlen, wenn wir überleben wollten." Oder: „Eine Pandemie verläuft nicht ohne Schaden für jeden Einzelnen und für die Gesellschaft. Aber zusammen werden wir auch die Folgen tragen können. Die Bundesregierung hatte uns ja Soforthilfen gegeben, damit wir die Zeit überbrücken können."
Werden oben genannte kritischen Aussagen gehört, denken die meisten: Ja, immerhin besser als zu sterben. Aber was wäre, wenn es keine krankmachenden Viren gibt? Könnte die Menschheit überhaupt diese Wahrheit verkraften? Wäre es nicht leichter für die Gesellschaft, weiter am Irrglauben an die krankmachenden Viren festzuhalten? Könnten die folgenschweren Nachwirkungen psychisch und physisch bewältigt werden, wenn die Wahrheit ans Licht kommt? Wir reden ja nicht nur darüber, dass wir nicht mehr der Mittelpunkt des Universums sind. Obwohl das natürlich zu damaliger Zeit eine schwerwiegende Überzeugung war und das allgemeine Weltbild bestimmt hatte. Es hat mehrere Jahrhunderte gedauert, bis sich dieses Weltbild in das von heute verwandelt hatte.

Es ist denkbar, dass die Ausmaße in einer Katastrophe enden und dramatische Zustände ausgelöst werden könnten, wenn der Großteil der Menschen die Wahrheit erkennt, dass es keine krankmachenden Viren gibt und wir alle Opfer eines Aberglaubens geworden sind. Wenn die Menschen auf der einen Seite verstehen, warum und wie sich der Aberglauben entwickelte und auf der anderen, dass bessere und therapeutisch funktionierende Erklärungen für Erkrankung, Genesung und Heilungsblockaden vorhanden sind, dann wird Corona eine Chance für alle sein. Daran arbeiten wir.

Wir wissen, dass dies eine schwerwiegende Verantwortung ist. Darum haben wir das notwendige Wissen um die Universalbiologie mit ans Ende dieser Schrift gesetzt. Es beinhaltet nur ein Beispiel, aber Sie werden damit in die Lage versetzt, das Prinzip des Lebendigen zu erfassen und zu verstehen. Mit diesem Wissen können Sie das unbeseelte, materialistische Muster des Kampfes und Krieges um ihre Gesundheit ablegen und eintauchen in ein ganzheitliches Weltbild. Dadurch können Sie besonnen Ihre weiteren Schritte planen.

Die vergangenen Monate (März bis August 2020) wurden geformt von finanziellen Hilfspaketen und Kredithilfen, die kleinere und mittlere Betriebe in Anspruch nehmen **mussten**, wenn sie überleben wollten. Die meisten Menschen, die diese „Hilfen" beanspruchten, sind sich bewusst darüber, dass sie damit zu „modernen Sklaven" werden und dass ihre Kinder und Enkelkinder dieses „Erbe" mittragen müssen. Größere Firmen (z.B. Fluggesellschaften) wurden mit Milliarden Geldern unterstützt. Dabei ist den wenigsten klar, dass auch diese Summen dem Steuerzahler aufgebürdet werden.

Der Großteil der Menschen ist froh darüber, dass die Regierung zeitnah Hilfspakete bereitgestellt hatte. Auf die Bundeskanzlerin ist Verlass. Die meisten Menschen befürworteten den Lockdown, weil sie Angst davor hatten (und immer noch haben), dass sich das „Virus" verbreitet. Mit der Schließung der Gaststätten, Friseure und sonstigen Läden haben sie mitgeholfen, dass sich die Krankheit nicht ausdehnte.

Die vergangenen Monate wurden geprägt vom Vorantreiben der Entwicklung eines Impfstoffs. Mehrfach wird von Impfungen gesprochen, die alternativlos seien, wenn wir wieder ein halbwegs normales Leben führen möchten. Bill Gates und die Bundesregierung kündigten eine zweite Welle an, die vermutlich im September/Oktober 2020, oder im Januar/Februar 2021 beginnt. Oder tritt diese „zweite Welle" mit häufigeren Testungen, den ersten Impfungen oder mit der Verstärkung der Gabe von hochtoxischen, sog. anti-viralen Medikamenten auf, die positiv-stigmatisierten Menschen gegeben oder von denen sogar eingefordert werden?

Derzeit stehen die Testungen im Vordergrund, die die Zahl der behaupteten Infizierten nach oben treibt. Stand 13.10.2020 (RKI; Robert Koch Institut): Anzahl der „SARS-CoV-2" Testungen in Deutschland: 19.276.507; Kosten insgesamt: 874.987.199,40 € (Quelle: Siehe Anhang 11). Dass solch eine hohe Zahl an Tests veranlasst wurde, gab es noch nie in der Geschichte; in den Jahren davor wurden maximal 2000 „Grippe-Tests" pro Jahr in Deutschland durchgeführt.

Schon Anfang Februar 2020 berichtete die Tagesschau, dass das deutsche Unternehmen CureVac in Tübingen an einem Impfstoff gegen das neuartige Corona-Virus „forscht". Offiziell nahm das Unternehmen CureVac seit Ende Januar diese Arbeit verstärkt in Angriff. Gefördert wird das Vorhaben mit 7,5 Millionen Euro. Mitte Juni wurde das Unternehmen, an dem auch Bill Gates beteiligt ist, mit weiteren 300 Millionen Euro von der Bundesregierung unterstützt und am 17. Juni wurde der Corona-Impfstoff an Freiwilligen getestet. Das Unternehmen (und noch viele weitere) hantiert mit mRNA/DNA*-Impfstoffen. Es handelt sich um hochgefährliche Impfstoffe, die - unabhängig von ihrem Aufbau - generell starke entzündliche Reaktionen auslösen und das erklärte Ziel haben, in die immer noch nicht verstandenen genetischen Prozesse einzugreifen und die genetische Modifizierung **des Körpers** zu verändern. Damit besteht ein hohes Risiko, dass auch die Keimzellen** verändert werden. Das bedeutet, dass diese Impfstoffe eine Keimbahnveränderung*** und damit eine Schädigung der Nachkommen bewirken. Ein absoluter Verstoß gegen geltende Gesetze und gegen die Menschenrechte!

* Messenger-RNA, Boten-RNA-Impfstoffe. Die mRNA soll bei einer Transkription von DNA-Abschnitten entstehen. Die Impfstoffe enthalten demnach RNA-Fragmente, bzw. Nukleotide.

** Eizellen und Spermien.

*** Unter Keimbahn versteht man diejenige Zellenfolge, aus der die Keimzellen (Eizellen und Spermien) hervorgehen. Die Keimzellen unterscheiden sich schon früh von den Somazellen (Soma = Körper), die den Körper bilden. Eine Keimbahnveränderung bedeutet eine Störung in der Entwicklung der Eizellen und Spermien.

Bill Gates fördert die Pharmaunternehmen über seine Stiftungen (Bill-und-Melinda-Gates-Stiftung). Er gehört zu den wichtigsten Unterstützern der WHO. Die Gates Stiftungen halten aber nicht nur die WHO am Laufen, sondern unterstützen Institute, wie beispielsweise das Robert-Koch-Institut, die Charité, Pharmafirmen (z.B. CureVac und Moderna) und natürlich die Presse. Gates möchte, als selbsternannter Philanthrop, sieben Milliarden Menschen impfen, er rechnet mit ein, dass 700 000 Menschen weltweit ihr Leben mit der Impfung verlieren – 80 000 Menschen in Deutschland (Quelle: Siehe Anhang 12+13). Es kann nicht abschließend abgeschätzt werden, welche verheerenden Auswirkungen die Impfung auf die Menschheit hat.

Der Neffe des ehemaligen Präsidenten John F. Kennedy, Robert F. Kennedy Jr., sagte am 7. April 2020 folgende Worte: „Impfstoffe sind für Bill Gates eine strategische Philanthropie, die seine vielen, mit Impfstoffen verbundenen Geschäfte (einschließlich Microsofts Ehrgeiz, ein globales Vac-ID-Unternehmen* zu kontrollieren) nährt und ihm die diktatorische Kontrolle über die globale Gesundheitspolitik gibt – die Speerspitze des Neoimperialismus der Konzerne.
Seine Besessenheit von Impfstoffen scheint von der messianischen Überzeugung genährt zu werden, dass er dazu bestimmt ist, die Welt mit Technologie zu retten, und von einer gottähnlichen Bereitschaft, mit dem Leben geringerer (Anmerkung: seiner Ansicht nach, geringer wertigeren) Menschen zu experimentieren."
Robert F. Kennedy Jr. machte bekannt, dass Gates mit dem Versprechen, Polio** mit 1,2 Milliarden Dollar auszurotten, die Kontrolle über den nationalen Beirat Indiens übernahm.
Gates ordnete die Gabe von 50 Polio-Impfstoffen für jedes Kind vor seinem fünften Lebensjahr an. In der Folge, machten indische Ärzte die Gates-Kampagne für eine verheerende Polioepidemie*** verantwortlich, da im Rahmen der Impfkampagnen zwischen 2000 und 2017 496 000 Kinder gelähmt wurden.

* Über einen Impfstoff verbundene Identitätskontrolle.

** Poliomyelitis; Kinderlähmung.

*** Epidemie: Zeitlich und örtlich begrenztes, vermehrtes Auftreten von Krankheitsfällen; auch Seuche genannt. Hier, das vermehrte Auftreten von Kinderlähmung.

Als die indische Regierung weitere Impfkampagnen ablehnte, gingen die Lähmungsraten von Polio schnell zurück. Die WHO gab 2017 zu, dass die weltweiten Polio-Häufungen überwiegend durch das Impfprogramm von Gates hervorgerufen wurde. Die Gates-Stiftung finanzierte 2014 auch Tests von experimentellen HPV-Impfstoffen* an 23 000 jungen Mädchen in indischen Provinzen.

Etwa 1200 litten danach unter schweren Nebenwirkungen, sieben verstarben. Die indische Regierung warf den von Gates finanzierten Forschern weitreichende ethische Verstöße vor. Im Jahr 2010 finanzierte die Gates-Stiftung einen Versuch mit einem experimentellen Malaria**-Impfstoff, bei dem 151 afrikanische Kleinkinder starben und 1048 (von insgesamt 5049 Kindern) schwerwiegende Schäden, wie beispielsweise Lähmungen und Krampfanfälle erlitten (Quelle: siehe Anhang 15).
Alle diese Geschehnisse sind Bestandteil des philanthropischen Denkens und Handelns von Gates, nur dass es praktisch und absehbar mehr Schädigungen und Menschenvernichtung hervorrufen wird, wie wenn nichts getan wird.

Für die breite Masse der Menschen gehört oben Gesagtes komplett zu den Fake-News und zu den Lügen der Verschwörungstheoretiker. Sie finden es unverantwortlich, nicht zu impfen. Die Pläne unserer Regierung, nur noch Geimpften eine Reise zu erlauben, finden sie großartig. Nur so, da ist man sich sicher, können Krankheiten ausgerottet werden. Auch finden sie es richtig, dass der Impfzwang für Masern in Schulen und Kindergärten durchgesetzt wurde.

* HPV: Humane Papillomviren. Sie werden beispielsweise für das Auftreten von Feigwarzen und Gebärmutterhalskrebs verantwortlich gemacht. Die Übertragung soll durch Sexualkontakt erfolgen. Sie gehören laut Schulmedizin zu den häufigsten sexuell übertragenen Viren. Eine Impfung soll das Risiko für Krebserkrankungen am Gebärmutterhals, Penis, After, Mund und Rachen senken. Da es dieses „Virus", samt seiner erdachten Verantwortlichkeiten für bestimmte Symptome, nicht gibt, konnte über zahlreiche Studien belegt werden, dass die Impfung beispielsweise Gebärmutterhalskrebs nicht verhindern kann. Belegt werden konnte, dass die Impfung schwerwiegende Nebenwirkungen auslöst (Quelle: Siehe Anhang 14).

** Der Symptomenkomplex Malaria (Mal = schlecht; aria = Luft; schlechte Luft) beinhaltet das Auftreten von Fieber, Kopfschmerzen, Schüttelfrost, Schwäche, Schweißausbrüche, Übelkeit, Schwindel, Durchfall und Gliederschmerzen. Anhänger der Schulmedizin behaupten, dass diese Erkrankung durch die Anophelesmücke übertragen wird. Einen Impfstoff gibt es nicht.

Nur mit Zwang können die Masern besiegt werden, so die Meinung von vielen Menschen, die nicht hinterfragen und vorgesetzte Botschaften *bedingungslos glauben*.

Die meisten Menschen sind froh darüber, dass es Impfungen und Bill Gates, den selbsternannten „Menschenfreund“, gibt. Sie sind begeistert, dass die Pharmaindustrien rasch nach einem passenden Impfstoff forschen. Die neue Technologie, die Impfaufzeichnungen in die Haut eines Menschen einbettet, finden sie genial. Mit dieser neuen Technik kann zusammen mit dem Impfstoff ein Farbstoff, der für das bloße Auge unsichtbar ist, injiziert werden. Mit einem speziellen Handyfilter, kombiniert mit einer App, die Nahinfrarotlicht auf die Haut strahlt, wäre der Status ablesbar. Dadurch entfällt der lästige Papierkram. Diese Entwicklung wurde von der Bill-und-Melinda-Gates-Foundation finanziert und kam aufgrund einer direkten Anfrage von Bill Gates selbst zustande. Offizielle Medien berichteten immer wieder darüber, dass Bill Gates sich weltweit für die Ausrottung von Krankheiten einsetzt (Quelle: siehe Anhang 16). Also können wir doch glücklich darüber sein, dass wir Bill Gates haben, der einen großen Teil seines Vermögens einsetzt, um uns zu retten, oder?

Wie gesagt, finden es viele Menschen verantwortungslos, dass sich manche Menschen nicht impfen lassen. Sie gehen davon aus, dass die sogenannten übertragbaren Krankheiten schon längst ausgerottet wären, wenn sich alle impfen ließen. Der Glaube an krankmachende Viren ist zu einem Dogma geworden, das in Stein gemeißelt ist. Auch die Schulmedizin, samt den Kranken, die der etablierten Medizin vertrauen, ist von dem materialistischen Kerngedanken so gefesselt, dass sie sich eine Medizin, die den geistigen, seelischen und körperlichen Aspekt mit einschließt, nicht vorstellen können. Dabei ist es aberwitzigerweise der medizinischen Forschung selbst gelungen, mittels bildgebender Verfahren (CCT*) nachzuweisen, dass eine Aktivierung von seelischen Konflikten in Krankheit mündet, und man diese Phasen mittels eines Computertomogramms im Gehirn darstellen kann während die Virologie bis zum heutigen Tag nicht nachweisen konnte, dass es krankmachende Viren gibt.

* Computertomogramm vom Kopf.

Stehen wir mit der Corona-Krise vor einem Paradigmenwechsel? Kämpft das materialistische Grundmuster deshalb mit diktatorischen Mitteln, weil es kurz vor dem AUS steht?

Die vergangenen Monate (März bis August 2020) wurden bei einfachen und völlig normalen Atemwegserkrankungen von einer massiven Übertherapie bestimmt; dabei spielt es keine Rolle, ob der Test positiv oder negativ ist. Wurde ein Mensch mit Atemnot, Schnupfen, Husten, Fieber oder anderen Erkältungsanzeichen ins Krankenhaus eingeliefert, kamen die offiziellen Behandlungsleitlinien zum Einsatz (siehe offizielle Seite des RKI und der WHO). Diese bestanden aus einer frühzeitigen Intubation*, der raschen Gabe von antiviralen Mitteln (z.B. HIV-Medikamenten), Breitspektrum-Antibiotika und hochdosierten Gaben von Kortison. Ein oft tödlicher Cocktail.

Im *Lancet* wurde am 17. Februar 2020 ein Patientenfall veröffentlicht: Ein 50 jähriger Mann (keine Risikogruppe) kam mit altbekannten und behandelbaren Symptomen wie Husten, Kurzatmigkeit, Fieber, Schüttelfrost ins Krankenhaus. Als „Corona-Fall" wurde er mit der oben genannten Vorgehensweise behandelt und starb innerhalb von wenigen Tagen (Quelle: Siehe Anhang 17).

Schon bald meldeten sich besorgte Mediziner zu Wort und kritisierten, dass mehr beatmete Patienten sterben als überleben. Darauf folgten internationale Studien, die den derzeit offiziellen Leitfaden einer frühen Intubation in Frage stellten. Geändert wurde dieser jedoch erst im Juli 2020.

Nur wenige Ärzte wichen vorher von den vorgegebenen Leitlinien ab, weil die Gefahr und die damit verbundene Angst zu groß war, juristisch belangt zu werden, wenn sie nicht „alles getan hatten". Anmerkung: Nur wenn der Mediziner nach den vorgegebenen Guidelines seine Patienten behandelt und sie sterben, hat er alles getan und kann nicht angezeigt werden.

* Einführen eines Tubus (Schlauch) in die Luftröhre zur künstlichen Beatmung.

Nun bestimmten die vorgegebenen Richtlinien in noch nie dagewesener Weise die ärztliche Kunst und nicht mehr die Individualität des Menschen samt seiner Krankheit. Diese Leitfaden-Behandlung ist zwar nichts Neues und hatte schon vor einigen Jahrzehnten begonnen, dennoch scheint es so, dass sie mit der Corona-Krise ihren Höhepunkt erreicht. Ein Beispiel: Wurde früher ein Patient aus dem Krankenhaus entlassen und stand in dem Entlassungsbrief, dass die Fäden erst nach 14 Tagen gezogen werden sollen, hat der Hausarzt sich den klinischen Befund angesehen. Wenn er es für richtig hielt, weil die Wundheilung es zuließ, hat er die Fäden schon nach 10 Tagen gezogen. Das ist heute undenkbar, da er verklagt werden kann, wenn im Nachhinein die Wunde wieder aufgehen würde. Leitlinien in der Intensivmedizin vorzugeben, waren bis zur Corona-Krise unvorstellbar – Eine Leitlinienbehandlung in der Intensivmedizin kam erstmalig mit „Corona" in der Geschichte vor.

Jedoch machten schon bald einige Ärzte, darunter Dr. Tobias Schindler, darauf aufmerksam, dass eine intensive Therapie zum Verlust der Patienten führt. Nach einem Bericht des deutschen Intensivmediziners Dr. med. Tobias Schindler, Leitender Oberarzt und Facharzt für Anästhesie, Notfallmedizin am Klinikum Fichtelgebirge, verliert man die Patienten praktisch immer, wenn man sich an die Leitlinien-Behandlung hält und frühzeitig intubiert (Quelle: Siehe Anhang 18; Sprachnachricht von Dr. Schindler am 13. April 2020). Schindler ist nicht der einzige Arzt, der sich wieder auf das besinnt, was er einmal gelernt hat: Die ärztliche Kunst besteht darin, den Krankheitsstatus, die Lebensumstände und die Vorgeschichte eines Patienten genau anzuschauen, um ein realistisches Bild für seine Krankheit und den damit verbundenen Krankheitsverlauf zu bekommen. Entsprechend danach richtet sich die Behandlung.

Die Monate (März bis August 2020) wurden ausgefüllt mit Berichterstattungen über die fürchterliche Ausbreitung von Covid-19 und der Suche nach einem effektiven Medikament bzw. Wirkstoff. Der Arzneistoff Remdesivir gerät schon Anfang Februar 2020 in die mediale Welt. Unter dem Titel: „Remdesivir: Wirkt gescheitertes Ebola-Mittel gegen Covid-19?" stellte das Ärzteblatt am 7. Februar 2020 diese Frage. Aufgrund einer positiven Berichterstattung bei **einem** (!) US-Patienten im *New England Journal of Medicine* über den die Mediziner

berichteten, wurde ein weltweiter Sturm in die Forschung dieses Medikaments losgefegt. In China (Wuhan) begann die Forschung an insgesamt sieben Wirkstoffen: Chloroquin (Malariamittel), Ribavirin (Hepatitis C), Penciclovir (Herpes), Nitazoxanid (Antiparasitikum), Nafamostat (Antikoagulans; Blutverdünner), Remdesivir und Favipiravir; letztere sind beides Breitspektrum-Virostatika. Alle Mittel haben eine Wirkung auf die menschliche RNA. Das heißt, sie besitzen die Fähigkeit, in die Zelle (von körpereigener RNA) einzudringen.
Die chinesischen Behörden entschieden sich für Remdesivir, weil der Wirkmechanismus bekannt ist (Quelle: Siehe Anhang 19). Ursprünglich wurde Remdesivir zur Behandlung des Ebola- und Marburg-Fieber entwickelt. In einer Studie*, die 2019 im Kongo durchgeführt worden war, enttäuschte Remdesivir jedoch. Mehr als die Hälfte der Erkrankten, die damit behandelt wurden, starben.

Am 03.07.2020 erhielt das Medikament Remdesivir die Zulassung (unter Auflagen) in Europa. Damit ist es das erste offizielle Corona-Mittel.

Der Großteil der Gesellschaft feierte die Information, dass es endlich ein Corona-Mittel gibt. Jetzt müssen Sie nicht mehr so viel Angst haben – es gibt ja ein Medikament, das Covid-19 heilen kann. Von einer Übertherapie oder den schlimmen Nebenwirkungen durch das Medikament haben die meisten, die fröhlich zustimmten, natürlich noch nie etwas gehört. Im Gegenteil, die großartigen Leistungen, die die Intensiv-Medizin zum Wohlergehen der Menschheit hervorbringt und vollbringt, wurden als positiv gewertet. Außerdem dachte der überwiegende Teil der Bevölkerung, dass die Ärzte es schon richtig machen, sie haben ja schließlich Medizin studiert.

* „In einer randomisiert-kontrollierten Studie, die während eines Ebolaausbruchs in der Demokratischen Republik Kongo zwischen November 2018 und August 2019 stattfand, zeigte sich eine Kombination aus ZMapp und Remdesivir gegenüber der Kombination der Antikörper MAb114 und REGN-EB3 deutlich unterlegen. In der ZMapp/Remdesivir-Gruppe starb rund die Hälfte der Patienten, in der Gruppe mit den beiden Antikörpern rund ein Drittel. Infolgedessen wurde aus ethischen Gründen die Studie nur mit den beiden Antikörpern weitergeführt" (Quelle: siehe Anhang 20).

Die wenigsten Menschen werden oben Gesagtes hinterfragen, weil die Medien eine nahezu durchgängige positive Zustimmung auf jegliche Vorgehensweisen der Regierung widerspiegeln. In Kombination mit Bildern aus Krankenhäusern und leidenden Menschen, sowie furchteinflößender Übersterblichkeit, lassen jegliche kritische Denkweisen – man kann unter diesen Umständen nicht mehr logisch denken – im Sande verlaufen.
Im Prinzip glaubt die Bevölkerung alles, was sie von den Medien serviert bekommt. So schweigen sich die offiziellen Medien hartnäckig über die Lockdown-Kritiker aus. Selbst kritische und fundierte Meinungen von hochkarätigen medizinischen Experten werden einfach totgeschwiegen.

Ein Abwägen von Argumenten fand und findet nicht statt. Der „Normal-Bürger", der vor dem Fernseher sitzt, bekommt dadurch ein extrem gefiltertes und eindimensionales Szenario vorgesetzt. Die wahren Hintergründe des, von einigen wenigen, angerichteten Chaos werden bewusst im Dunklen belassen. Die Regierung setzt viele Milliarden an Steuergeldern ein, um uns, der breiten Masse zu verdeutlichen, welche Meinungen in die Fake-News-Kiste gehören und welche nicht. Unter diesen Umständen kann nur eine einseitige Ansicht entstehen und eine Ablehnung gegenüber denjenigen, von denen die Regierung und die Medien sagen, dass sie zu den Fake-News-Verbreitern gehören. Keiner will ausgegrenzt sein. Die meisten wollen den offiziellen Standpunkten folgen.

Einseitig informierte Menschen leben in einer „Entweder-Oder-Welt" und nicht in einer „Sowohl-Als-Auch-Welt". Das „Entweder-Oder-Muster" besitzt leider nicht die Fähigkeit über andere Aussagen nachzudenken – es will einfach nur *Recht* haben.

Werden oben genannte kritische Aussagen gehört, denken die meisten: Derartige Themen werden doch von Fachleuten besprochen – sie werden schon die richtige Entscheidung für uns treffen. Wir bekommen doch das Fazit aus den Besprechungen in den Medien mit. Wir werden über die Presse frei informiert – schließlich bezahlen wir dafür Gebühren.

Können sich diese Menschen überhaupt annährend vorstellen, dass die Presse sie nur einseitig informiert, oder gar belügt, weil andere ihnen mehr bezahlen, als von der GEZ* reinkommt? Was ist, wenn die Wissenschaft schon lange den Überblick verloren hat? Was geschieht, wenn die Theorie zusammenfällt, dass Krankheiten von außen kommen, weil erkannt wird, dass sie nicht stimmt?

Die vergangenen Monate wurden von Berichterstattungen, allen voran aus Italien, über die katastrophalen Zustände in den Krankenhäusern ausgefüllt. Es wurde von fehlenden Beatmungsgeräten, Überbelegungen und überlasteten Krankenschwestern und Ärzten berichtet. In Italien wurde jedoch schon vor Jahren im Rahmen der EU-Sparmaßnahmen die Zahl der Krankenhausbetten von 10 auf 3 pro tausend Einwohner reduziert. Das Pflegepersonal wurde um 1/3 dezimiert. Die gesundheitliche Versorgungslage in Italien ist seit Jahrzehnten katastrophal. Aber das wissen leider nur die wenigsten.
Alle andere glauben an den Unsinn, den uns BILD und Co. und die Bundesregierung verkaufen wollen. Man führt uns an der Nase herum. Kaum einer hinterfragt oder forscht nach, ob das tatsächlich untermauert werden kann, was uns die Medien „verkaufen“.

In Deutschland wurden die vorhandenen 20 000 Beatmungsgeräte (Intensivbetten) auf 30 000 aufgestockt. Ausgelastet seien sie jedoch nicht in Deutschland (Quelle: siehe Anhang 21). Im Gegenteil: Deutschland hatte so viele freie Kapazitäten, dass Patienten aus dem Ausland aufgenommen werden konnten. Die Presse übermittelte uns, dass die Zahl der Kranken im Ausland so stark gestiegen sei, dass Deutschland (als der Retter der Nation) die Bedürftigen aufnehme.

Schon im April mussten zahlreiche Kliniken Kurzarbeit für Ärzte und Pflegepersonal anmelden. Am 28.07.2020 postete die „Tagesschau“, dass 410 000 Beschäftigte in Krankenhäusern und Arztpraxen bundesweit von März bis Mai Kurzarbeit angemeldet haben.

* Gebühreneinzugszentrale der öffentlich-rechtlichen Rundfunkanstalten in der BRD.

Es herrscht Beschäftigungsmangel in vielen Kliniken und Arztpraxen. Selbst wenn die Kurzarbeit in den Kliniken auf die Absagen von Operationen zurückzuführen ist, ist es nicht so, dass mit einer Pandemie jede medizinische Kraft gebraucht wird? Auch viele Bestattungsunternehmen haben bereits Kurzarbeit angemeldet – es wird einfach zu wenig gestorben (Quelle: Siehe Anhang 22).

In der Vergangenheit konnte man regelmäßig beobachten, dass es immer zu einer verminderten Anzahl an Todesfällen kam, wenn der Krankenhausapparat gestört wurde. Das liegt daran, dass der Anteil an Todesfällen durch Fehlbehandlungen, Übermedikation und Kunstfehlern nicht in die Statistik eingeht. Der Anteil soll bei zirka 25% aller Todesfälle liegen. Auch ist die Fehlgeburtenrate im ersten Halbjahr 2020 deutlich gesunken. Ebenfalls kam es zu einem Rückgang der Säuglingstodesfälle um 30 % während des Lockdowns, der zeitgleich mit einem Rückgang der Impfungen im Verhältnis steht. „Das unerwartete Überleben von 200 Babys pro Woche entspricht genau einem Rückgang der Impfungen. Eine Gruppe von Autoren der CDC* und Kaiser Permanente® (siehe: healthy.kaiserpermanente.org) berichtete in der Ausgabe vom 15. Mai des CDC-Wochenberichts über Morbidität und Mortalität**, dass es "einen starken Rückgang der Bestellungen bei Impfstofflieferanten sowie einen Rückgang der verabreichten pädiatrischen Impfstoffdosen" gab." (Quelle: Siehe Anhang 23). Von Übersterblichkeit, die uns verkauft wird, also keine Spur.

Angesichts des sinkenden Bedarfs an Beatmungsgeräten wollte die Bundesregierung einen Teil der ursprünglich bestellten Beatmungsgeräte den Herstellern nicht mehr abnehmen (Quelle: siehe Anhang 24). Über die Einhaltung der Zusagen mussten sich in der Vergangenheit die Medikamentenhersteller oder die Hersteller von medizinischen Produkten noch nie Gedanken machen. Sie wurden von der Bundesregierung abgenommen, bezahlt und nachdem man feststellte, dass es doch keine Pandemie gab, auf Kosten des Steuerzahlers vernichtet. Hier stimmt doch etwas nicht.

* Centers for Disease Control and Prevention; eine amerikanische Gesundheitsbehörde.

** Morbidität = Häufigkeit der Erkrankungen innerhalb einer Bevölkerungsgruppe; Mortalität = Sterblichkeitsrate.

In Berlin wurde in Windeseile (Bauzeit: 38 Tage) eine Messehalle in ein Covid-19-Behandlungszentrum umgebaut. Im Mai 2020 war das provisorische Corona-Krankenhaus mit bis zu 500 Betten bezugsfertig. Baukosten: 31 Millionen Euro, zuzüglich einer horrenden Monatsmiete. Was fehlte waren jedoch die Kranken. Anfang Juli 2020 stand die neue Corona-Klinik auf dem Messegelände in der Jafféstraße immer noch leer. Obwohl kein einziger Patient versorgt wurde, startete der Umbau einer zweiten Messehalle mit weiteren 330 Betten. Die Miete der Messehallen beträgt eine Million Euro im Monat. Das Personal (180 Ärzte und Pflegekräfte), das bislang auf Abruf bereitsteht, bekommt jeden Monat 13 Stunden vergütet. Das macht 145 000 Euro pro Monat, ohne dass auch nur ein einziger Patient dort behandelt wurde. (Quelle: siehe Anhang 25).

Der Großteil der Gesellschaft war froh darüber, dass die Bundesregierung sofort mit einer Aufstockung an Beatmungsgeräten reagiert hatte. Das machte zwar den Ernst der Lage klar, dennoch war diese Vorgehensweise auch beruhigend für die Bürger, weil von Italien berichtet wurde, dass sie zu wenige Beatmungsgeräte hatten. Man hörte von Italien, dass man sich entscheiden musste, ob man einen älteren Menschen weiter beatmen sollte oder einem jüngeren Patienten den Vorzug gibt. Auf dieser Grundlage war es erleichternd zu wissen, dass in Deutschland genügend Beatmungsgeräte zur Verfügung standen. Die Bundesregierung hat gut und schnell entschieden. Das Agieren der Kanzlerin kam bei der Bevölkerung immer gut an.
Der Bau eines zusätzlichen Versorgungskrankenhauses in der Landeshauptstadt machte den meisten Menschen klar, dass die Lage bedrohlich ist/war? Gut, dass die Regierung besonnen und kompetent vorgegangen war und in Windeseile ein „Corona-Krankenhaus“ gebaut hatte, dachten sich die meisten. Leider falsch gedacht.

Werden oben genannte kritische Aussagen gehört, denken die meisten: Immerhin hat die Regierung für den Notfall vorgesorgt. Ist doch gut, wenn das Krankenhaus nicht benutzt werden musste – zumindest waren wir so für den Ernstfall gerüstet. Nur durch die kompetente Vorgehensweise der Regierung konnte eine Eindämmung des Virus erfolgen.

Die vergangenen Monate wurden geprägt von massiven Einschnitten in unsere Grundrechte: Das Recht auf Freizügigkeit (Art. 11) wurde beschnitten: Die Menschen durften nicht mehr überall hingehen. Das Recht auf Entfaltung der Persönlichkeit (Art. 2) wurde aufgehoben: Viele Dinge, wie z.B. Kino, Theater, Schwimmbäder, usw. wurden geschlossen. Das Recht auf Versammlungsfreiheit (Art. 8), die Freiheit der Person, die Unverletzlichkeit der Wohnung (Art. 13), das Recht auf Berufsfreiheit (Art. 12), die Freiheit des Glaubens (Art. 4), die Meinungsfreiheit (Art. 5), der Schutz der Familie (Art. 6), das Schulrecht (Art. 7) und das Briefgeheimnis (Art. 10) wurden mit dem Inkrafttreten des Infektionsschutzgesetzes abgeschafft. Darauf basierend folgten Demonstrationen in vielen größeren und kleineren Städten Deutschlands: Die Deutschen wehrten (und wehren sich noch immer – Stand Oktober 2020) friedlich gegen die Abschaffung ihrer Grundrechte, weil sie die Maßnahmen in Bezug auf die tatsächlichen Todesfälle in Deutschland und auch weltweit für übertrieben halten. Die Zahl der Todesfälle in Zusammenhang mit Corona in Deutschland wird von Januar bis zum 14. Juli 2020 vom RKI mit 9068 Menschen angegeben (Quelle: Siehe Anhang 26), bis zum 17.10.2020 werden 699 Menschen dazukommen. Von Januar bis Mitte Oktober 2020 wird die Zahl der Todesfälle in Zusammenhang mit Corona in Deutschland vom RKI mit 9767 Menschen angegeben.

Vergleicht man die Zahlen der Grippewelle 2017/2018, die laut „Ärzteblatt" vom 30.09.2018, die „tödlichste Grippewelle seit 30 Jahren" war, mit den Corona-Todeszahlen fragt man sich, warum man diese überhaupt erwähnt, denn die sind im Vergleich wirklich lächerlich. Nach Schätzungen starben im Winter 2017/2018 innerhalb von acht Wochen 25 100 Menschen in Deutschland. Zum Vergleich starben 2016/2017 in Deutschland 22 900 Menschen an erkältungsbedingten Symptomen (Quelle: siehe Anhang 27). Hat man je von diesen Vergleichen in den öffentlichen Medien gehört?

Haben Sie sich außerdem schon einmal gefragt, wo dieses Jahr (2020) die Grippe geblieben ist? Sie ist nämlich fast weltweit ab der 17. Kalenderwoche einfach verschwunden...In Deutschland meldet das RKI 412 Grippetote für das Jahr 2020 und ca. 11 000 „Corona-Tote" (Stand: November 2020). Man darf sich wundern...

Bis zur 35. Kalenderwoche (24. August 2020) wurden 12.383.035 Personen in Deutschland getestet - davon wurden 282.600 als positiv deklariert. Bis zum 24. August 2020 sind offiziell 9321 Menschen mit einem positiven Test gestorben (Quelle: Siehe Anhang 28+29). Man weiß jedoch nicht, woran die Menschen gestorben sind – nur der Test war positiv. Das bedeutet, dass von Juli bis Ende August (2020) 253 Menschen mit einem positiven Test und an der behaupteten Covid-19-Grippe gestorben sind! Eine Pandemie oder eine Epidemie unterliegt eindeutig anderen Richtlinien und Beschreibungen. Ein Blick nach Afrika wird Ihnen die Augen öffnen. Dort herrscht seit Februar eine Hunger-Pandemie (siehe auch S. 66).

Nun wird gerne von offizieller Seite das Argument gebracht, dass man die „Grippe“-Zahlen aus den Vorjahren nicht mit Covid-19 („Grippe“ 2019/2020) vergleichen kann, weil es sich bei den Covid-19-Sterbefällen nicht um eine Schätzung handelt, sondern um die Summe aller Todesfälle bei Patienten mit **laborbestätigter Infektion**. Im Klartext bedeutet das, weil man in der Saison 2017/2018 nur 1674 Menschen **getestet** hatte, werden diese auch nur als „gesicherte“ Todesfälle an Grippe mitgerechnet. Der Rest, ganze 23 426 Verstorbene (von 25 100) die mit einer Atemwegserkrankung, sprich „Grippe“, verstorben sind, fallen unter die Schätzung, weil sie nicht getestet wurden. Zum allgemeinen Verständnis: Wenn ein Mensch verstorben ist, muss ein Arzt gerufen werden, damit er die Todesursache feststellen kann – eine Schätzung, warum der Patient verstorben ist, wäre ein sträfliches Delikt.

Der Blick durch das Mikroskop bestimmt seither die Todesursache (und die Krankheit samt deren Behandlung) und nicht der Mensch mit den individuellen Symptomen! Die Anzahl der durchgeführten Tests bestimmt die Beurteilung der Fallzahlen! Die Fallzahlen ergeben sich in der Covid-Statistik also nicht aus tatsächlich festgestellten Erkrankungen mit Symptomen, sondern aus der Zahl der positiven Testergebnisse. Das bedeutet: Auch wenn Sie nicht krank sind – sprich keine Symptome haben - jedoch positiv getestet wurden, würden Sie in die Statistik eingehen. In Deutschland belaufen sich die Fallzahlen auf 200 440 (Stand 11. Juli 2020) – im Oktober belaufen sich die Fallzahlen auf 356.387

(Quelle: Siehe Anhang: 30). Fazit: Je mehr getestet wird, desto höher liegen die Fallzahlen.

Schon im Mai 2020 landeten, wegen der offensichtlichen Fehlinformationen sowie der überzogenen Maßnahmen, über 1000 Eilanträge gegen die „Corona-Einschränkungen" bei den deutschen Verfassungs- und Verwaltungsgerichten (Quelle: Siehe Anhang 31).

Aber die Hauptmasse der Bevölkerung hat wegen der stattfindenden Demonstrationen und den Eilanträgen nur den Kopf geschüttelt: „Wie kann man nur so unverantwortlich sein und andere Menschen gefährden", denken die meisten. „Es ist doch wichtig, sich nicht zu versammeln, Läden zu schließen und die Kinder nicht mehr zur Schule zu schicken. Wie sonst kann Ansteckung verhindert werden?" Vielleicht waren sie auch nur entsetzt, ob der Tatsache, dass es immer wieder Spinner gab, die sich nicht an vernünftige, vorgegebene Verhaltensregeln hielten und andere dadurch gefährdeten. Viele nahmen auch an dass, wenn man sich strikt an die Maßnahmen hielte, das Ganze schnell vorbei ginge und der vorherige Zustand schneller wieder da sei. Der Großteil gab den unvorsichtigen Demonstranten und Masken-Verweigerern die Schuld für die zweite Welle.

Wir vermuten, dass keiner von ihnen auf die RKI-Seite geschaut hat, geschweige denn Todeszahlen aus den Vorjahren verglichen hat. Warum auch? Nur durch die eindämmenden Verhaltensregeln konnte man doch die Todeszahlen senken, oder etwa nicht?

Während der vergangenen Monate erhoben Tausende Mediziner und Experten weltweit ihre Stimme gegen die medizinische Leitlinien-Behandlung, die Ungefährlichkeit des Virus und die unverhältnismäßigen Handlungen. Weil die Tatsachen und die Vorgehensweise der Regierung sich vehement widersprachen und gegen jegliches medizinisches Verständnis verstießen, meldeten und melden sich viele Experten zu Wort. Die bekanntesten von ihnen (in Deutschland) sind Prof. Bhakdi und Dr. Wodrag. Diese beiden Koryphäen waren die ersten, die die übertriebenen Maßnahmen der Regierung kritisierten. Was wurde mit ihnen gemacht? Sie wurden in die Verschwörungskiste gesteckt.

Ein vom Rang hoher Mitarbeiter des Bundesinnenministeriums (Whistleblower Stephan Kohn) meldete sich zu Wort und veröffentlichte eine über 90 Seiten lange Analyse des Krisenmanagements (die eigentliche Arbeit war 190 Seiten lang; die veröffentlichte Kurzfassung war über 90 Seiten lang). Eigentlich hätte die Bundesregierung die Pflicht gehabt, diese Analyse durchzuführen bzw. zu beachten, nachdem S. Kohn diese notwendige Arbeit gemacht hatte, sie hat dies jedoch verweigert. Der Mitarbeiter des Bundesinnenministeriums kam zu dem Schluss, dass es sich bei Corona um einen globalen Fehlalarm handelt. Außerdem sind die Kollateralschäden inzwischen höher als der erkennbare Nutzen. Kohn schreibt: „Dieser Feststellung liegt keine Gegenüberstellung von materiellen Schäden mit Personenschäden (Menschenleben) zu Grunde! Alleine ein Vergleich von bisherigen Todesfällen durch den Virus mit Todesfällen durch die staatlich verfügten Schutzmaßnahmen (beides ohne sichere Datenbasis) belegen den Befund... Ein Vorwurf könnte lauten: Der Staat hat sich in der Corona-Krise als einer der größten fake-news-Produzenten erwiesen (Quelle: Siehe Anhang 32). Stephan Kohn wurde, nachdem er das Dokument veröffentlicht hatte, von der Arbeit "freigestellt". Stephan Kohn fordert in dem Dokument eine „gesonderte Untersuchung“ zur Rolle von Kanzlerin Merkel im Verlauf der Pandemie. Den Medien wirft er Kritiklosigkeit gegenüber der Kanzlerin vor.

Die „Ärzte für Aufklärung“, gründeten einen außerparlamentarischen Corona Untersuchungsausschuss (ACU). Zum Sprecherkreis des ACU gehören Dr. Heiko Schöning, Dr. Bodo Schiffmann und Dr. Martin Haditsch; sie laden verschiedene Sachverständige zur öffentlichen Beweisaufnahme ein. Zum Ausschuss gehören außerdem Prof. Homburg, Prof. Hockertz, Prof. Bhakdi, Prof. Kuhbandner, Frau von Stösser, Prof. Walach, Dr. Maatz und Frau Seth-Blendinger. Seit Mitte Juli 2020 untersucht die Stiftung Corona-Ausschuss in mehrstündigen Live-Sitzungen warum die Bundes- und Landesregierungen beispiellose Beschränkungen verhängt hat und welche Folgen dies für die Menschen hat. Der Ausschuss wird geleitet von den Rechtsanwälten Dr. Reiner Füllmich, Dr. Justus P.

Hoffman, sowie Antonia und Viviane Fischer. Am 10.07.2020 tagten sie zum ersten Mal und am 16. Oktober 2020 hielten sie schon ihre 21. Sitzung ab. (Informationen hierzu finden Sie auf YouTube oder auf https://corona-ausschuss.de/).
Die Initiative Mediziner und Wissenschaftler für Gesundheit, Freiheit und Demokratie e.V. (MWGFD) wurde im Juni gegründet. Sie besteht aus einem Zusammenschluss von Medizinern und Angehörigen unterschiedlicher Heil- und Pflegeberufe, die sich in Forschung und Lehre mit den Themen Gesundheit, Freiheit und Demokratie beschäftigen.

Gab es hierüber eine Berichterstattung in der Presse? Kann es sein, dass die Medien die Kritiker totschweigen, weil sie gegen ihre Argumente nicht ankommen? Kann es sein, dass wir es mit unprofessionellen, gekauften Journalisten und Politikern zu tun haben, die sich durch die medizinischen Schreckensmeldungen vom tatsächlichen Sachverhalt entfernt haben? Oder warum werden keine wissenschaftlichen Ergebnisse besprochen?
Alle oben genannten Mediziner und Experten wurden unverfroren von der Corona-Eiskönigin in die Verschwörungskiste gesteckt. Ärzte, die Atteste ausstellten, damit Menschen das schädliche Mundtuch erspart blieb, oder eine Impfunfähigkeitsbescheinigung ausstellten, wurden angezeigt und ihnen wurde mit dem Entzug ihrer Approbation gedroht (aktuelle Beispiele: Dr. Scheel; Stand Juli 2020; Dr. Peer Eifler; Stand Oktober 2020).

Personen, die auch nur die geringsten Zweifel an dem Sinn von Corona äußerten, wurde das Wort verboten. Sie wurden als Schädlinge der Gesellschaft aussortiert und als Fake-News von der Regierung öffentlich angeprangert. Corona-skeptische Ärzte laufen Gefahr, in die Psychiatrie eingewiesen zu werden. So wurde im April 2020 ein 58-jähriger Kardiologe in Aargau (Schweiz) verhaftet und in die Psychiatrie verfrachtet, weil er Corona als eine „harmlose Grippe" bezeichnete und mit 5-G in Verbindung gebracht hat (Quelle: siehe Anhang 33). Wer Kritik an der Ausgangssperre, an der Mund-Nasen-Bedeckung oder überhaupt an den Maßnahmen äußerte, wurde als Spinner und Leugner abgestempelt – seine Internetseite wurde gesperrt (Quelle: Siehe Anhang 114).

Gleichermaßen versumpfte Deutschland in Denunziationen. Das Präsidium in Mittelfranken (Nürnberg) meldete im Mai, dass zwischen 50 und 300 Anrufe täglich in der Nürnberger Einsatzzentrale mit Corona-Bezug eingingen: Es ging um Denunziation (Quelle: siehe Anhang 34). Auch in Halle wurden täglich zwischen 100 und 300 Anrufe registriert, in denen Menschen andere Personen wegen „Corona-Vergehen“ anzeigten. Die Anrufzahlen beim Ordnungsamt haben sich verdoppelt. Bis Juni haben die Polizeibehörden schon über 19 000 Denunziationen verzeichnet. Wo es zu DDR-Zeiten noch einen Zuträger von der Stasi bedurfte, melden sich heute viele Bürger freiwillig bei den Behörden. So schnell können sich aus mutmaßlichen Liberalen Faschisten entwickeln. Ist Faschismus an dieser Stelle (noch) übertrieben, wenn wir vor der Tatsache stehen, dass unsere Freiheitsrechte zum großen Teil abgeschafft wurden und unsere Kinder und Großeltern gequält werden? Ich erspare Ihnen an dieser Stelle darüber zu schreiben, was Amnesty international darüber sagt, was man unter Folter versteht.

Schon anhand der Vielzahl an Denunziationen kann erkannt werden, dass die Bevölkerung von Angst und Panik gesteuert wird. Wenn man an krankmachende Viren glaubt, müssen Corona-Vergehen angezeigt werden. Das ist die Pflicht eines jeden Bürgers. Aber wir fragen Sie noch einmal, was ist, wenn es keine krankmachenden Viren gibt? Was ist, wenn wir erkennen, dass wir uns in einem unbeseelten, materialistischen Weltbild aufhalten, das dringend befreit werden sollte? Was geschieht mit Ihnen, wenn Sie das auf Kampf und Krieg ausgerichtete Krankheits- und Bekämpfungssystem ablegen und erkennen, dass Sie selbst die Verantwortung für Ihre Gesundheit tragen müssen, um gesund zu werden und zu bleiben? Können Sie erkennen, dass dies eine Befreiung von Doktrinen darstellt? Können Sie verstehen, dass Sie über jahrhundertealte Irrtümer manipuliert worden sind? Können Sie begreifen, dass Sie mit Giften „behandelt“ worden sind, die schlussendlich der Pharmaindustrie zugutekamen, aber nicht Ihnen?
Falls dies erkannt wird, welche Auswirkungen hat dieser Wechsel des Weltbildes auf die Pharma- und Impfindustrie und auf Sie?

Die öffentlichen Medien werden die Bevölkerung nicht über Prof. Dr. Bhakdi, Dr. Wodarg, Dr. Schiffmann, Dr. Mölling, Dr. Haditsch, Dr. Thöns, Dr. Streeck, usw. informieren – schon gar nicht über Dr. rer. nat. Stefan Lanka, der beispielsweise den „Masern-Prozess" gewonnen und damit der gesamten Virologie die wissenschaftliche und damit rechtliche Grundlage entzogen hat.

Im März 2016 berichtete Dr. Stefan Lanka in seinem Zweimonatsmagazin „WissenSchafftPlus" (Ausgabe 2/2016) mit der Überschrift: „Masern-Prozess: Wir haben gewonnen! Das Virus ging ba(r)den*: „Der Sinn und Zweck des Masern-Virus-Preisausschreibens** vom 24.11.2011, das im Jahr 2012 den Masern-Virus-Prozess auslöste, ist mit dem Gewinn der Berufungsverhandlung am 16.2.2016 vor dem Oberlandesgericht Stuttgart aufgegangen...Das Oberlandesgericht stellt zum Schluss der 27-seitigen Urteilsbegründung fest, dass „den Beweis der Existenz des Masernvirus durch eine wissenschaftliche Publikation zu führen, durch den Kläger (Dr. Bardens; damals noch Medizinstudent) nicht erfüllt wurde."

Spahn gibt bekannt, dass er noch nie den Namen Prof. Dr. Bhakdi gehört hat. Vor einigen Wochen hat Bhakdi ein Buch mit dem Titel „Corona Fehlalarm" veröffentlicht. Es landete auf Platz 1 der Bestsellerliste. Wie uninformiert darf ein Gesundheitsminister eigentlich sein? Vermutlich ist er nicht in der Lage, sich mit gesundheitlichen oder geschichtlichen Themen auseinanderzusetzen, weil er seine Zeit mit Pharma-Lobbyisten verbringen muss und seine, im August 2020 gekaufte, 4,2 Millionen teure Villa, umgestaltet und renoviert werden will (Quelle: siehe Anhang 36).

* Die Klage ging von Dr. med. David Bardens aus

** Dr. Stefan Lanka bot demjenigen 100 000 € an, der ihm eine wissenschaftliche Publikation vom sogenannten Masern-Virus vorlegen kann. „Das Masern-Virus-Preisausschreiben hatte „nur" die Funktion für politische Entscheidungsträger und die Öffentlichkeit, weitere Beweise für das unwissenschaftliche, damit widerrechtliche und die Gesundheit gefährdende Tun des Nationalen Referenzinstituts für Masern am Robert Koch Institut zu schaffen, mit dem Ziel, eine geforderte Impfpflicht zu vermeiden. Die Antworten des RKI auf die Anfragen, die das Preisausschreiben auslösten, haben bewiesen, dass das RKI durch sein Tun Gesetze, Rechte und Pflichten verletzt und dass es entgegen offizieller Behauptungen keine wissenschaftliche Beweise für die Existenz krankmachender Viren, in diesem Falls das Masern-Virus, vorweisen kann." (Quelle: Siehe Anhang: 35).

Aber es liegt in der Natur der Geschichte, dass bedeutende Veränderungen (z.B. dass es keine wissenschaftliche Publikation über die Existenz von Viren gibt) zuerst totgeschwiegen, dann lächerlich gemacht und später bekämpft werden. Im Anschluss daran, kommt die Zeit, dass sie anerkannt werden. Herr Spahn befindet sich noch, wie einige andere auch, im Kampf-Modus, aber er ist nicht wichtig, wichtig ist, dass das Weltgeschehen sich zwar noch in der Kampf-Phase, s.o., befindet, aber die Zeit kommen wird, da diese neuen wissenschaftlichen Erkenntnisse anerkannt werden müssen. Diese besitzen die Kraft für einen Paradigmenwechsel, da mit der Gültigkeit der Beweise, die Medizin die Behandlung verlassen muss, die auf Kampf-und-Krieg ausgerichtet ist. Die Menschheit wird davon profitieren.

Widersprüchliche Informationen – Verwirrung stiften – wissenschaftliche Desinformation

In den gezielt widersprüchlichen Informationen und Kampagnen von Seiten der Regierung, dem RKI und der Charité geht es darum, die Menschen zu verunsichern, sowie Verwirrung, Angst und Chaos zu stiften. Der Großteil der Menschen wird dadurch irritiert, und die Gesellschaft wird destabilisiert und gespalten. Reiht man die Widersprüche aneinander, können sie aufgedeckt und erkannt werden. Wann immer Sie auf widersprüchliche Informationen stoßen, sind umfangreichere Recherchen notwendig, um den Missstand zu erkennen. Am Beispiel „Mundtuch", „Mundschutz" ist das relativ einfach zu verstehen:

Die vergangenen Monate wurden geprägt von intensiven widersprüchlichen Informationen seitens der Regierung und Dr. Drosten. Beispielsweise verkündete Dr. Drosten in einem Interview, dass das Tragen von Mundtüchern vollkommen sinnlos ist (Quelle: Siehe Anhang 37). In einem anderen Interview mit dem NDR spricht Dr. Drosten davon, dass das Tragen von Masken aus Eigenschutz und Fremdschutz durchaus sinnvoll sein kann (Quelle: Siehe Anhang 38). Laut der Zeitung „Bild" (01.04.2020) machte Angela Merkel folgende Aussage: „Jeder wisse, dass eine Maske schon nach einer halben Stunde so durchfeuchtet ist, dass sie selbst zur Virenschleuder werde".

Mitte Juni 2020 hatte Drosten eine Studie des *Imperial College* in London zurate gezogen, bei der die Forscher anhand der Sterbezahlen ein Szenario entwickelt hatten, wie viele Tote es gegeben hätte, wenn die Maskenpflicht oder die Abstandsregeln nicht veranlasst worden wären. Drosten meinte, dass laut dieser Studie, wenn keine Maskenpflicht eingeführt worden wäre, anstelle von 7000 Menschen, 570 000 am Corona-Virus verstorben wären. (Quelle: siehe Anhang 39).

Diese Aussage widerspricht sich beispielsweise mit der Vorgehensweise in Weißrussland. Weißrussland verfolgte die liberalste Strategie im Umgang mit Covid-19 und bisher kam es auch zu keiner Übersterblichkeit. Die Grenzen des Landes blieben offen und im Gegensatz zu seinen Nachbarländern hat Weißrussland die Gaststätten und die Geschäfte nicht geschlossen. Auch die Fußball- und Eishockeyspiele fanden und finden bei vollbesetzten Publikumsrängen weiterhin statt. Lukaschenko sagte, dass er kein Befürworter einer Isolation sei: „Das Einschließen in stickige Wohnungen ist keine gute Methode“. Er bezeichnete die Corona-Maßnahmen als eine Psychose (Quelle: siehe Anhang 40). Die Anzahl der Toten pro eine Million Einwohner lag in Weißrussland bei 0.5 (Stand: 6.09.2020). Im Vergleich dazu, lag die Zahl der Sterbefälle in Rumänien bei 2.3 pro eine Million Einwohner (Quelle: siehe Anhang 41). In Rumänien herrschten sehr strenge Quarantänemaßnahmen und schon am 10. März 2020 wurde das Leben in Rumänien massiv eingeschränkt.

Ebenfalls widerspricht sich die zitierte Studie von Drosten mit der Vorgehensweise von Schweden. Schweden verfolgte eine liberale Strategie im Umgang mit Covid-19 und bisher kam es zu keiner Übersterblichkeit. In Schweden wurden die Risikogruppen geschützt und Personen mit Grippesymptomen blieben zuhause. „Wenn man diese beiden Regeln befolgt, braucht man keine weiteren Maßnahmen, deren Effekt sowieso nur sehr marginal ist“, erklärte Chefepidemiologe Anders Tegnell. Das gesellschaftliche und ökonomische Leben gehe normal weiter. Der große Ansturm auf die Krankenhäuser sei bisher ausgeblieben“. (Quelle: siehe Anhang 42).

Die offiziellen Medien verbreiteten selbstverständlich ein gegensätzliches Bild über Schweden. So berichtete beispielsweise Anfang Juni 2020 die „Welt“, dass in Schweden Chaos herrsche und die Todeszahlen rasant ansteigen (Quelle: siehe Anhang: 43). Tatsache ist jedoch, dass zu keinem Zeitpunkt die Todeszahlen aus dem Ruder liefen, im Gegenteil. Ende Juni 2020 gestand die WHO ein, Schweden zu Unrecht als Risikoland eingestuft zu haben (Quelle: siehe Anhang: 44). Die Vorgehensweise von Schweden gelte als Vorbild, so die WHO (Quelle: siehe Anhang 45). Übrigens lag das Durchschnittsalter der Schweden, die mit einem positiven Testergebnis gestorben sind, bei 86 Jahren. Die durchschnittliche Lebenserwartung in Schweden beträgt 81 Jahre (Quelle: Siehe Anhang 46). Zum Vergleich: In Deutschland lag das Durchschnittsalter der Menschen, die mit einem positiven Testergebnis gestorben sind, bei 81 Jahren (Quelle: siehe Anhang 47). Die durchschnittliche Lebenserwartung in Deutschland liegt bei 80

Jahren (Quelle: Siehe Anhang 48). Ein zusätzlicher Beweis dafür, dass man Ihnen einen Bären aufgebunden hat.

Und was war in Bayern los? Markus Söder hatte die striktesten Maßnahmen in Bayern umgesetzt. Doch aller Verordnungen und Pflichten zum Trotz, zählte Bayern schon seit Februar 2020 (und bis heute; September 2020) besonders viele Fälle (positiv Getestete). Man darf sich wundern...

Das RKI spricht von einem hochansteckenden Virus und geht von Millionen Toten aus, während der RKI Präsident, Prof. Dr. Lothar H. Wieler, sich in einer Pressekonferenz vom 13.03.2020 wie folgt äußerte: „...bei vier von fünf Menschen wird diese Krankheit mehr oder weniger spurlos vorbeigehen, sie haben wirklich nur leichte Schnupfensymptome, manche werden gar keine Symptome haben, das liegt daran, dass es gar keinen Erreger gibt...ich persönlich kenne nur einen Erreger, das ist das Maul-und-Klauen-Seuchen-Virus* bei Wiederkäuern, das bei jedem Tier, das infiziert wird, auch eine klinische Symptomatik macht.
Aber die meisten Erreger machen das eben nicht, sondern viele werden einfach nur infiziert, merken das gar nicht, bilden aber eine Immunität daraus. Das ist der Grund, dass eben auch jede Epidemie und Pandemie irgendwann mal zum Stoppen kommt." (Quelle: Siehe Anhang 49).

* Mit dem Wissen der Schulmedizin ist die Maul-und-Klauen-Seuche eine Viruserkrankung bei Rindern und Schweinen, die hoch ansteckend sein soll. Bei Tieren sollen sich die Symptome vorwiegend auf das Maul und die Klauen beschränken und allgemeine Symptome, wie z.B. Fieber, Gewichtsverlust, Schwäche, usw. hervorrufen. Das Pendant beim Menschen wird von der Schulmedizin als Hand-und-Fuß-Krankheit beschrieben; beim Menschen soll die Krankheit harmlos verlaufen, beim Tier soll die Krankheit in aller Regel einen tödlichen Verlauf nehmen. Ob der Symptomenkomplex bei Tieren durch die Blauzungen-Impfung hervorgerufen wurde, wurde nicht wissenschaftlich untersucht. Tatsache ist jedoch, dass sich immer mehr Landwirte meldeten, weil ihre Tiere Symptome der „Maul-und-Klauen-Seuche" nach einer Blauzungen-Impfung aufwiesen. Tatsache ist auch, dass die Schulmedizin, bzw. die Virologen, irgendwelche Nukleinsäuren als Auslöser für Krankheiten behaupten, die dann in einem Symptomenkomplex und als „neue Erkrankung" propagiert werden.

Aber auch „dieses Virus“ hat die Welt nie gesehen, sondern nur Modelle, die sich wie bei allen krankmachenden Viren, ursprünglich an den Phagen der Bakterien orientierten, die es gibt, die aber harmlos sind. Mittlerweile führen Viren als erfolgreiche Idee, als pseudowissenschaftlich bewiesene Teufelchen ein eigenes erfolgreiches aber nur geistiges Leben. Die Geister, die ich rief.

Während Spahn sagte, dass es nicht zu Zwangsimpfungen kommen würde, berichtete Merkel, dass wir ohne eine Impfung keinen Normalzustand herstellen könnten. „Die Pandemie wird nicht verschwinden, bis wir wirklich einen Impfstoff haben“, sagte Merkel (Quelle: Siehe Anhang 50).

Laut Prof. Dr. Drosten (Erfinder des ersten **nicht** validierten Tests – davon später mehr) soll der 2020 verwendete Corona-Nachweistest, der **nicht** für den Nachweis der behaupteten SARS-Cov2-Viren entwickelt wurde, absolut sicher sein und exakt funktionieren. Obwohl der Test noch nicht einmal für diagnostische Zwecke geeignet ist und dies im „Beipackzettel“ explizit erwähnt wird, soll der Test funktionieren? Dr. Drosten twitterte am 13.04.2020: „Gegen Ende des Verlaufs ist die PCR (Anmerkung: Das ist ein spezielles Testverfahren) mal positiv und mal negativ. Da spielt der **Zufall** mit. Wenn man Patienten 2 x negativ testet und als geheilt entlässt, kann es zu Hause durchaus noch mal zu positiven Testergebnissen kommen. Das ist deswegen noch längst keine Reinfektion“.

All dies lässt vermuten, dass Menschen (einschließlich der Virologen) von einem Nebel umgeben werden, damit sie die Wahrheit nicht erkennen müssen, weil sie mit dieser psychisch und physisch nicht klarkommen würden. Nur die Menschen, die nicht in mechanistischen Kausalketten denken, kommen auf die Idee, eine Papaya zu testen. Der Staatschef des ostafrikanischen Landes Tansania, John Magufuli, hatte unter anderem Proben einer Papaya-Frucht und einer Ziege mit dem „Drosten-Test“ (Covid-19-Testkit) an ein nationales Labor geschickt: Testergebnis der Papaya und der Ziege: Positiv (Quelle: Siehe Anhang 51).

Die Daten des RKI zeigen, dass auch in Deutschland die Reproduktionszahl* von Covid-19 bereits vor dem Lockdown unter den Wert von 1 gefallen war (Mitte März 2020). Trotzdem verkündete Kanzlerin Merkel im April 2020, dass erst ab einem R-Wert unter 1 der Lockdown aufgehoben würde.
Wenn man nun bedenkt, dass der Test nicht validiert ist, aber trotzdem als Richtwert herhalten soll, wird schnell klar, warum man nur mit einer Unmenge von Tests die Reproduktionszahl in die Höhe treiben kann. Nochmal zur Erinnerung: Jeder, der positiv getestet wird, geht in die Statistik als Infizierter ein, auch wenn er keine Symptome hat.

Man bedenke, dass vom 1. Januar bis zum 08. März 2020 (1.-10. Kalenderwoche) insgesamt 124.716 Tests durchgeführt wurden, das macht pro Tag im Schnitt 1861 Tests (Hier lag der R-Wert noch unter 1). Vom 6. bis zum 11. April (15. Kalenderwoche) wurden schon 380.197 veranlasst und in der 27. Kalenderwoche wurden 494.146 Tests durchgeführt! Stand Oktober 2020: 19.276.507 Tests wurden durchgeführt!
Insgesamt wurden vom 1. Januar bis zum 4. Juli 2020 6.376.054 Tests veranlasst. Trotz erhöhter Tests bleibt der R-Wert seit Mai 2020 „stabil"; er liegt bei ca. 0.86 (Quelle: siehe Anhang 52). Widersprüchlicher kann man das System eigentlich nicht gestalten.

Weitere konträre Informationen: Ursula von der Leyen warnt in einem Youtube-Video vor Fake-News. Laut ihrer Meinung gehört die Information, dass vorwiegend ältere Menschen an Cov-2 erkranken zu den Fehlinformationen (Quelle: Siehe Anhang 53). Laut „Statista" vom 03. November 2020 sind insgesamt 10 653 Menschen in Deutschland mit einem positiven Testergebnis gestorben; der Anteil der 80- bis über 99-jährigen liegt bei 6682 Verstorbenen. 2369 sind im Alter von 70 bis 79 gestorben. 1010 Menschen sind im Alter von 60 bis 69 Jahren verstorben und 532 Menschen waren unter 60 Jahre alt (Quelle: siehe Anhang 54). Das durchschnittliche Sterbealter der positiv Getesteten liegt in Deutschland demnach (laut „Statista") bei 82 Jahren. Die durchschnittliche Lebenserwartung in Deutschland lag 2016 bei 80 Jahren.

* Die Reproduktionszahl gibt an, wie viele andere Menschen ein Infizierter ansteckt. Eine Rate von 1 bedeutet: Ein Infizierter soll genau einen weiteren Menschen anstecken.

Laut Empfehlung des Robert-Koch-Instituts sollten keine Obduktionen an positiv getesteten Verstorbenen durchgeführt werden. Warum? Das RKI war wegen der Ansteckungsgefahr besorgt (Quelle: Siehe Anhang 55). Die Pathologen fragten sich: „Haben wir denn nicht schon immer infektiöse Menschen obduziert? Ist nicht die Obduktion das wichtigste Instrument dafür, um Krankheiten zu verstehen?“ Bei den meisten Pathologen traf die Leitlinie des RKI auf Unverständnis, so auch bei den Rechtsmedizinern in Hamburg. Sie sind von Beginn der Pandemie an bewusst nicht den Empfehlungen des RKI gefolgt, bei denen auf Sektionen (SARS-CoV-2 positiver) Verstorbener und auch auf die eigentlich gesetzlich vorgeschriebene Leichenschau vor der Kremation verzichtet wurde (Quelle: Siehe Anhang 56). Der Hamburger Rechtsmediziner Klaus Püschel, der bereits zahlreiche testpositive Verstorbene untersucht hat, erklärte: „Die Zahlen rechtfertigen die Angst vor Corona nicht...Corona ist eine vergleichsweise harmlose Viruserkrankung.“ Alle von ihm untersuchten Todesopfer hätten schwere Vorerkrankungen gehabt, dass sie, „auch wenn das hart klingt, alle im Verlauf dieses Jahres gestorben wären...die Zeit der Virologen ist vorbei. Wir sollten jetzt andere fragen, was in der Corona-Krise das Richtige ist, etwa die Intensivmediziner (Klaus Püschel).“ (Quelle: Siehe Anhang 57).

Auf der Seite des Robert-Koch-Instituts kann nachgelesen werden, dass die Experten vom RKI nicht unterscheiden, ob die Menschen an oder nur mit dem behaupteten Virus verstorben sind.

Das wäre auch nicht machbar, weil es keine wissenschaftliche Publikation über Viren gibt, die Krankheiten verursachen, und die Tests demnach auch nicht validiert sein können. Das Robert-Koch-Institut informierte uns darüber, dass die Statistik anhand der positiv Getesteten geführt würde und nicht aufgrund der Todesursache. Entscheidend für die Statistik sei also nur, ob ein Verstorbener ein positives Testergebnis hatte.

Wenn also ein Mensch ins Krankenhaus eingeliefert wird, weil er einen Schlaganfall hatte und stirbt, er aber vorher „Corona-Positiv“ getestet wurde, wird er in die Statistik der Sterbefälle an Corona eingehen, auch wenn er aufgrund eines Schlaganfalls oder Herzinfarkts gestorben ist. Mitte Juli 2020 wurde bekannt, dass bei der amtlichen Erfassung der Zahl der Corona-Toten durch das Robert-Koch-Institut auch die Menschen zu den Corona-Toten gezählt wurden, die von Corona „geheilt“ wurden und irgendwann später beispielsweise an einer Herz-Kreislauferkrankung gestorben sind. Dies war vorher nicht bekannt, und wurde dann nur zufällig, durch eine amtliche Corona-Meldung der Stadt Krefeld öffentlich. Für das Robert-Koch-Institut und die Bundesregierung zählen also nicht nur Menschen, die mit oder an Corona gestorben sind zu den Corona-Toten, sondern auch Menschen, die ohne Corona gestorben sind. Treffenderweise schrieb das Magazin „Rubikon“ hierzu: „Nach dieser Logik ist jeder, der in seinem Leben einmal Masern, Herpes oder Durchfall hatte, ein Maserntoter, Herpestoter oder Durchfalltoter.“ (Quelle: siehe Anhang 58).

Übrigens ist die Zahl der Todesfälle in Deutschland im Jahr 2018 um 2.4% gestiegen. Im Jahr 2018 verstarben insgesamt 954.874 Menschen in Deutschland. Die häufigste Todesursache war, wie in den Jahren zuvor auch, eine Herz-Kreislauferkrankung (Quelle: siehe Anhang 59). Im Vergleich dazu starben von Januar bis Anfang Juli (2020) 9077 Menschen an dem behaupteten Corona-Virus (Stand 14. Juli 2020) – (Quelle: siehe Anhang 60). Todesursache: positiver Corona-Test. Die Todeszahlen liegen weit entfernt von dem, was als Epidemie* deklariert werden könnte.

Mit den nicht validierten Tests wurden also mittlerweile 19.276.507 Menschen in Deutschland (Stand: Oktober 2020 – Quelle: siehe Anhang 61) getestet. Dadurch versuchte man den Menschen scheinbar glaubhaft zu vermitteln, dass bis Mitte Oktober 356.387 Menschen in Deutschland an Covid-19 erkrankt seien. 9.767 Todesfälle (Stand: 17. Oktober 2020) wurden in Deutschland registriert. Wie gesagt, fällt die Todesursache unter Corona, wenn der Test positiv war. Auch wenn der Betroffene unter Vorerkrankungen gelitten hat und/oder an einem Herzinfarkt gestorben ist, wird der zuvor positiv getestete Tote in die „Corona-Statistik“ eingerechnet (Quelle: siehe Anhang 62).

* das Auftreten einer Krankheit in einem örtlich und zeitlich begrenzten Verbreitungsgebiet.

Schon ab März 2020 arbeitete die Bundesregierung an einer Tracking-App, damit man Nutzer informieren kann, wenn sie mit einem Infizierten Kontakt hatten. In Österreich hatten sich Ende März Hunderttausende die Tracking-App „Stopp-Corona“ vom Roten Kreuz heruntergeladen. Datenschützer warnten vor der App, da es Sicherheitslücken gebe.

Bundesaußenminister Maas warb für eine einheitliche Corona-App in der europäischen Union. Damit leiste man „auch einen Beitrag, Reisebeschränkungen und Grenzkontrollen in der EU schnell und dauerhaft wieder abzubauen“, so der SPD-Politiker weiter (Quelle: Siehe Anhang 63). Im April 2020 verkündete die Bundesregierung, dass an einer eigenen Corona-Warn-App gearbeitet würde – die App würde vom RKI getestet und herausgebracht. Am 15. Juni 2020 gab die Bundesregierung bekannt, dass die Corona-Warn-App zum Download zur Verfügung stehe. Die App wird zur erfolgreichsten Launch im deutschen App-Store, den es jemals gegeben hat. Laut „Spiegel-Online“ vom 03.07.2020 hat die Warn-App 14 Millionen bestätigte Nutzer (Quelle: siehe Anhang 64). Ich habe selbst im Play-Store nachgeschaut, dort wurden fünf Millionen Downloads angezeigt (Stand: 16.07.2020). Ich glaube kaum, dass im Apple-Store neun Millionen Menschen die App heruntergeladen haben. Im Vergleich dazu hat die App „Babbel“ (Sprach-Lern-App) 10 Millionen Downloads.

Edward Snowden (US-amerikanischer Whistleblower und ehemaliger CIA-Mitarbeiter) warnte bereits, dass die „berichtete“ Corona-Krise für einen massiven Ausbau der weltweiten Überwachungs- und Kontrollmaßnahmen genutzt werde, die danach nicht mehr abgebaut würden. Snowden sprach von den Corona-Apps über eine „Architektur der Unterdrückung“ und „aktuelle Eingriffe in die Freiheitsrechte werden Corona überdauern“ (Quelle: siehe Anhang 65). Mittlerweile warnen über 300 Wissenschaftler vor Corona-Apps, sie verbinden die Apps mit einer „beispielslosen Überwachung der Gesellschaft“.
Der in Frankreich lebende, argentinische Virologe Pablo Goldschmidt sprach von einem „globalen Medienterror“ und „totalitären Maßnahmen“ (Quelle: Siehe Anhang 66).

Als im Juni 2020 die Corona-Warn-App für Deutschland bereit stand, betrugen die Kosten für ihre Entwicklung und für die Werbung insgesamt 68 Millionen Euro (Quelle: Siehe Anhang 67). Erste Sicherheitslücken wurden bekannt, außerdem funktionierte die App nur unzureichend.
Natürlich wurde die App von der Regierung ausreichend positiv beworben: „Unterstützt uns im Kampf gegen Corona", verkündete die Online-Seite der Bundesregierung. Etwas später sind erste Überlegungen der Regierung gefolgt, ob die App nicht mit Reiseeinschränkungen verkuppelt werden könne: Keine App – Keine Ausreise. Auch könne man den Impfstatus auf der App registrieren. Zu welchen Ergebnissen diese letztgenannten Überlegungen führen können, werden wir im zweiten Band dieser geplanten Reihe veröffentlichen.

Die vergangenen Monate wurden von hochfrequentierten Berichten über die offiziellen Medien bestimmt, vorwiegend über die USA. Anfang Juli sollte es in den USA zu einem unkontrollierten Massensterben gekommen sein – Präsident Trump hätte nichts mehr im Griff, berichteten die Medien. Er wurde in sämtlichen Werbeträgern verunglimpft. Trump stoppte die Gelder zugunsten der WHO und hinterließ damit einen Aufschrei bei der Presse und der deutschen Regierung.

Das Robert-Koch-Institut zog sich allmählich mit seinen täglichen angstmachenden Hochrechnungen und den damit einhergehenden Horrorszenarien zurück. Über Radio, Fernsehen, Internet wurden wir dennoch täglich weiter mit Nachrichten über die Gefährlichkeit des Virus bombardiert. Schalten wir die Nachrichtenticker ab und gehen nach draußen, soll uns die bestehende Mundtuchpflicht daran erinnern, dass das Virus immer noch präsent ist. Die Regierung machte uns klar, dass die Beschränkungen weiter gelten, auch wenn das Virus sich verabschiedet hat. Nichts wird mehr so sein, wie es einmal war. Wir hätten es mit einer Zeit von historischem Ausmaß zu tun, verkündete die Bundeskanzlerin. Unmengen von Plakaten und Mahnungen hingen vor jedem Laden. Einlassbeschränkungen mit vorheriger Händedesinfektion bestimmten die Welt in den Läden. Wenn Sie nach draußen gehen, oder einen Laden betreten, haben Sie vielleicht immer die mahnende Stimme der Bundeskanzlerin im Ohr: „Bleiben Sie zu Hause", „Zusammen gegen Corona", „Wir schaffen das".

Was sollen wir eigentlich schaffen? Den Betrug der Regierung und der Virologie aufdecken? Die Wirtschaftspleite, die durch einen Fake entstanden ist, stemmen? Unsere Kinder vor Lügnern schützen?

Zum Abschluss in diesem Kapitel eine Übersicht über die Anzahl der Todesursachen (im Vergleich):

Todesursache	Herz-Kreislauferkrankungen	Krebs	Atemwegserkrankungen
2017	344 530	235 700	68 408
2018	345 274	238 345	71 719
2020			9.767 (Stand: 16. Oktober 2020)

(Quelle: Siehe Anhang 68 und 69).

Wir wissen sehr wohl, dass wir mit diesen Informationen bei einem breiten, nach Ausgangssperre, Impfungen und Entzug der Meinungsfreiheit für Corona-Leugner rufenden Publikum, nicht gut ankommen.

Der Großteil der Bevölkerung schreit geradezu nach einer Massenüberwachung, nach Ausgangssperren, Medikamenten und Impfungen usw. Warum? Weil die Panik und Angst die meisten überwältigt hat und sie dadurch auf ihre archaischen* Programme zurückgeworfen worden sind, die da heißen: Flucht, Angriff und Schockstarre.

Der Flüchtende flieht nach Hause. Der Angreifer denunziert Corona-Vergehen, und ein in Schockstarre verfallener Mensch ist zu nichts mehr fähig – er schaut meist nur noch starr auf den Fernseher und ist entsetzt. Alle drei Zustände haben eins gemeinsam: Sie verkörpern nicht mehr die Fähigkeit zum logischen Denken, geschweige denn zum Hinterfragen.

* Die entwicklungsgeschichtlich älteren Ebenen des menschlichen und tierischen Organismus, bzw. jeder Lebensform.

Diese Schrift lädt Sie zum Hinterfragen ein. Sie müssen kein Mediziner, kein Biologe, kein Epidemiologe oder Virologe sein, um die komplexen biologischen Vorgänge und Zusammenhänge des Lebendigen zu begreifen. Sie benötigen dafür nur Ihren gesunden Menschenverstand und damit die Fähigkeit zu hinterfragen. Jedes Kind besitzt diese Fähigkeit – demnach kann jedes Kind das Ganze auch verstehen.

Bevor wir die Viren für Sie entwirren, ist es notwendig, einen kleinen Blick auf die Impfgeschichte und damit auf die Infektionstheorie zu werfen.

Wenn Sie das Buch bis zu diesem Abschnitt gelesen haben, werden Sie hoffentlich mit Spannung die Impfgeschichte erwarten – Achtung, wenn sich bei Ihnen Zweifel ob der Richtigkeit anmelden – glauben Sie uns bitte nicht, sondern überprüfen Sie unseren Text!

Die Geschichte der Impf- und Infektionstheorie

von Ursula Stoll und Dr. Stefan Lanka

„Wenn die Menschheit auf das 20. Jahrhundert zurückschauen wird, wird sie weinen. Nicht wegen der Flut an Gräueltaten, sondern weil die guten Menschen geschwiegen haben."

Martin Luther King

Wo soll man anfangen, wenn man über die Impf- und Infektionstheoriegeschichte informieren möchte? Bei den Masern, bei der Spanischen Grippe, bei Tetanus oder bei der Tuberkulose? Bei den Impfversuchen im 17. Jahrhundert in der westlichen Welt oder bei den über 2000 Jahre alten Impfversuch-Ideen, die im asiatischen Raum stattfanden, indem man eine Lösung mit Pockenkrusten in die Haut einbrachte oder die Krusten in die Nase blies? (Quelle: Siehe Anhang 70). Oder beginnt man in China, als vor Jahrhunderten die Chinesen mit einem scharfen Stückchen Bambus einem „Pockenkranken" eine Pustel aufritzten und diese Flüssigkeit am Gesäß ihrer weiblichen Babys aufbrachten? (Quelle: siehe Anhang 71).

Den meisten Menschen fällt die Pest, der schwarze Tod ein, wenn man sie nach der ältesten behaupteten Infektionskrankheit fragt. An der Pest, die zwischen 1347 und 1351 in Europa wütete, sollen schätzungsweise 25 Millionen Menschen gestorben sein. Mit den Schreckens- und Horrorhochrechnungen während der Corona-Zeit hat sich so mancher an die Seuche im Mittelalter erinnert, weil die meisten von uns die Pest in der Schule im Geschichtsunterricht durchgenommen haben. Heute, im Jahr 2020, mussten einige Jugendliche einen Aufsatz über die Pest im Vergleich zu Corona schreiben. Warum? Vermutlich um den Kindern die Gefährlichkeit einer sogenannten Infektionskrankheit noch einmal zu verdeutlichen. Oder um die Hypothese rund um die Infektions**theorie*** aufrechtzuerhalten?

* Die Infektionstheorie bleibt eine Hypothese, weil sie bis zum heutigen Datum nicht bewiesen, sondern vielfach widerlegt wurde.

Die Angst und die Panik sitzen tief, aber auch das instinktive Verstehen: Im Mittelalter flüchteten viele Menschen aus den betroffenen Städten, die von Fäkalien, giftigem Trinkwasser und Mangelernährung ausgefüllt waren. Am 30. Mai 2020 postete die „NZZ am Sonntag“ mit der Überschrift: „Kommt jetzt die große Stadtflucht?“ Die besser situierte Bevölkerungsschicht in den USA ist wegen der behaupteten Pandemie auf das Land gezogen. Zurück blieben die Armen. Wieder diejenigen, die durch Arbeitslosigkeit, schlechte Ernährung und Wohnverhältnisse auffielen.
In der Stadt Wuhan haben fünf Millionen Chinesen die Stadt im Januar kurz vor der Abriegelung verlassen. Noch nicht einmal die Hälfte ist seither zurückgekehrt (Quelle: siehe Anhang 72).

Doch die Pest, die mit Fieber, Hautausschlägen (Beulen), Lymphknotenschwellung, schwarz-bläulicher Hautfärbung und evtl. blutigem Auswurf einhergeht, stellt nicht den Beginn dar, um die Geschichte der Impf- und Infektionstheorie zu erklären. Aus diesem Grund fangen wir nicht beim schwarzen Tod an, sondern mit der vorherrschenden Denkweise in Europa und der ersten Impf-Idee, die der Engländer Edward Jenner (1749-1823) ins Leben gerufen hat.
Sie werden trotzdem am Ende dieses Kapitels verstehen, wieso es zum Krankheitsbild der Pest gekommen ist, und warum so viele Menschen damals sterben mussten.

Um zu ergründen, wieso die Idee des Impfens und der Ansteckung aufkamen und bis heute Bestand haben, muss man in der Zeit zurückgehen, um dann wieder ins 21. Jahrhundert, in die Gegenwart zu schauen, um begreifen zu können, warum die Corona-Krise mit dieser Wucht die Menschen weltweit getroffen hat. Nur mit einem kurzen Einblick in das Geschichtswissen, kann dies verstanden werden.

Zunächst muss man sich klar machen, wie man damals, vor ca. 300 Jahren dachte, um nachvollziehen zu können, warum man an Ansteckung glaubte und daran, dass man mit Impfen das Problem lösen könnte.
Man kann also nicht im 19. Jahrhundert beginnen, von dem behauptet wird, dass dort die wissenschaftlichen Grundlagen des Impfens gelegt worden sind.

Selbst im 18. Jahrhundert kann man nicht anfangen, weil in dieser Zeit die damalige Wissenschaft, die Schulmedizin und der Staat selbst davon ausgingen, dass Krankheiten durch Mangelernährung, Gifte (z.B. durch verdorbene Speisen) und vor allem durch vergiftetes Wasser verursacht würden.
Man muss zurückgehen in die Zeit, als zum ersten Mal im europäischen Raum geimpft wurde: Ins 17. Jahrhundert. Dies war der Abschnitt, als es zum ersten Mal möglich wurde, sogenannte Mikroben, Bakterien und Mikropilze mit dem Lichtmikroskop sichtbar zu machen und durch Experimente deren Fähigkeiten und Aufgaben zu ergründen, zu erforschen und zu belegen; also Wissenschaft zu betreiben. Das Lichtmikroskop stand der medizinischen Forschung ab dem Jahr 1661 zur Verfügung und beflügelte ganz entscheidend die Einsichten ins Leben. Es ist erstaunlich, wie nahe die unterschiedlichen Forscher sich dem Erkennen von fundamentalen Lebensvorgängen in dieser Zeit genähert haben. Man dachte im Muster des stabilen Gleichgewichts, dass Leben immer gleich sei und immer nur aus schon bestehendem Leben hervorgeht. Dass Leben von Gott erschaffen wurde und bestimmte Bedingungen benötigte, um existieren zu können. Es war eine sehr fruchtbare Zeit. Junge Studenten der Medizin waren damals sehr flexibel und wanderten kreuz und quer durch die ganze Welt, um bei den Forschern zu lernen, die Wichtiges und Neues entdeckt hatten.
Man versuchte durch vielzählige Experimente, deren Resultate man publizierte, zu überzeugen. Normal war, dass man voneinander lernte und so zu tieferer Erkenntnis vorstieß. Dogmen, die wie heute die ganze Medizin und Biologie dominieren, z.B. das „Zentrale Dogma der molekularen Genetik“ (seit 1956) oder das heute ausschließlich gelehrte Dogma der „Infektionshypothese“ gab es damals nicht. Heute, die Anhänger der „statischen Anschauung des Lebens“ (Leben ist und kann nur aus sich selbst heraus entstehen) als „Mechanisten“ zu diffamieren oder später, die der „Veränderlichkeit des Lebens und der Spontanerzeugung des Lebens“ als „Vitalisten“ zu bezeichnen, ist absolut unzulässig und geschieht mit der ausschließlichen Absicht, die heutigen Dogmen zu rechtfertigen. Zumal die Mechanisten alsbald bewiesen haben, dass aus sterilen Lösungen kein neues Leben entstehen kann, als sie die Bakterien und die Keime des Lebens – Samenfäden – unter dem Mikroskop entdeckten. Die Vitalisten konnten ebenso beweisen, dass Leben sich verändert, da der Samenfaden

ja anders aussieht als der fertige Mensch und da in den Samenfäden nicht der „Homunkulus", der fertige Mensch, zu sehen war.

So befruchteten sich diese beiden Denksysteme und führten zu immer tieferen Einsichten in das Leben, von denen ein heutiger Medizinstudent nicht einmal zu träumen wagt. Recht hatte der, der in der Praxis, im Versuch, im täglichen Leben mit seinen Erkenntnissen Erfolg hatte und seine Vorstellungen, seine Hypothesen praktisch beweisen konnte.
Es war ganz normal und anders nicht vorstellbar, dass die Experimente und Beweise unter öffentlicher Anteilnahme, (ein wesentliches Kriterium für Wissenschaft) auch für jedermann nachvollziehbar vorgetragen wurden um Betrug vorzubeugen. Es war auch die Zeit, als der Staat begann, ein öffentliches Gesundheitswesen aufzubauen und die Ausbildung der Mediziner zu organisieren. Man begann systematisch Forscher zu bezahlen und medizinische Fakultäten wurden geschaffen. Wenn man Geld wollte, um zu forschen, musste man zuerst beweisen, dass man etwas vorzuweisen hatte.
Heute im 21. Jahrhundert beantragen die Forscher Gelder, um ihre Hypothesen irgendwann zu belegen. Und heute ruft die Regierung dazu auf, dass der ohnehin schon belastete Klein- und Mittelstand-Steuerzahler noch zusätzlich sein Geld in die Forschung investiert, damit ein Impfstoff produziert werden kann. Mit 500 Millionen Euro, verkündete Frau Merkel auf der EU-Geberkonferenz, soll sich Deutschland beteiligen (Quelle: siehe Anhang 73). Finanziert wird das Ganze vermutlich über das Inkrafttreten einer neuen Steuer z.B. einer Plastik- oder Digitalsteuer.

Im 17. Jahrhundert waren sich die Ärzte darüber einig, dass die Pockenerkrankung eine heilbare Erkrankung war, wenn die Ärzte keinen Fehler bei der Behandlung machten. In seinem Buch „Pocken und Schutzimpfung" zitiert Dr. Förster den im 17. Jahrhundert lebenden Arzt Dr. Sydenhams (1624-1689): „Wenn weder der Arzt noch die Wärterin einen Fehler machen, sind die Pocken die leichteste und ungefährlichste aller Krankheiten".

Ein Jahrhundert später (1793) wurde in Amerika, das damals toleranter und viel weniger durch die Kirche beeinflusst wurde als Europa, ganz klar bewiesen, dass Seuchen, also das vermehrte Auftreten von Krankheiten, nicht durch Mikroben verursacht werden können. Sie kamen zu dem Ergebnis, dass Seuchen durch Fäkalien, Leichengifte im Wasser (besonders Tierleichen, die bei Dürren und Missernten immer zuerst verendeten, da sie dann nicht mehr gefüttert und gewässert wurden) und verdorbene Lebensmittel ausgelöst werden.

Die Symptome der Erkrankungen, verursacht durch Nitrate, Nitrite, Ammoniak, Blei, Quecksilber usw. im Wasser und Fäulnisgifte verdorbener Lebensmittel (der Kühlschrank war noch nicht erfunden!) waren Fieber, Kopfweh, Hautrötungen, Hautausschläge (= Pocken oder Pest), Schüttelfrost, Kopf-, Glieder- und Muskelschmerzen, Übelkeit und Erbrechen (z.B. Lassa-, Gelb-, Dengue-, Marburg-, Hanta-, West-Nil-Fieber), Hautblutungen, Durchfall, blutiger Durchfall, innere Blutungen (= Hämorrhagisches Fieber, das bei Ebola, Lassa-, Gelb-, Dengue-, Marburgfieber auftreten kann) und Leberentzündungen (= Hepatitis A, B, C, D, E, usw.). Wenn die Leber mit der Entgiftung überlastet ist, werden je nach Art und Grad der Vergiftungen die Haut und die Augen dabei mehr oder weniger gelb, zeigen sich äußerlich wie innerlich rote, dann blaue und schwarze Flecken und Beulen. Kann sich der Betroffene, wenn er sauberes Wasser und eine vollwertige Ernährung bekommt, schnell wieder erholen, stellt dieser Umstand sozusagen den „Kontrollversuch" dar, dass eine Vergiftung vorlag. Die Symptome verschiedenster Vergiftungen wurden und werden, wie oben beschrieben, ganz unterschiedlich benannt, wobei Malaria vorwiegend durch schlechte Luft (= „mal aria" = schlechte Luft/ Luftverschmutzung), die Pocken und die Pest* durch schlechtes Wasser, Fäulnis und Fäkalien, AIDS und Hepatitis durch toxische Medikamente** ausgelöst werden.

* Zwischen den Pocken und der Pest hat man damals nicht unterschieden. Sie galten als dasselbe Krankheitsbild. Ebenfalls wurden Masern, Scharlach, Windpocken in das Krankheitsbild der Pocken mit eingereiht.

** Alle genannten Vergiftungserscheinungen haben nur Bestand, wenn eindeutig genannte Toxine anamnestisch oder biochemisch nachgewiesen worden sind.

Erschwerend zu den Symptomen einer Erkrankung und deren Behandlung, kamen die Impfungen als weitere toxische Auslöser hinzu, die ebenfalls den Zeichen einer Vergiftung entsprachen. Im Winter 1823/24, als die Pockenepidemie, die nach einer Impfkampagne* entstand, aufflammte, stellten die Ärzte fest, dass die Symptome dieser Pockenepidemie den Zeichen einer Schlangenvergiftung entsprachen (Quelle: Siehe Anhang: 74).

Im 18. und 19. Jahrhundert wurden Kranke noch häufig mit Quecksilber und Arsen behandelt. Diese Mittel sind in der Lage schwere Blutungen auszulösen. Als schwere Nebenwirkung nach einer Pockenimpfung traten Blutungen auf, denen die Menschen in kurzer Zeit zum Opfer fielen. Ob jetzt die „Behandlung" oder die Impfung die Blutungen ausgelöst hat, ist nicht bekannt, da die Menschen in dieser Zeit selten obduziert wurden.

Oberstleutnant Spohr (1828-1921), der eine 48-jährige Erfahrung und Beobachtung der gesundheitlichen Verhältnisse in der deutschen Armee aufwies, schrieb in der Zeitschrift „Neue Heilkunst" (3. Jahrgang, Nr.7): „Es ist jedem älteren Offizier bekannt, dass alljährlich nach der Impfung der Rekruten sich die Krankheit (Pocken) bei denselben in auffälligem Maße vermehren und dass sich darunter viele Krankheitssymptome befinden, die auf einen unmittelbaren Zusammenhang mit der Impfung hindeuten. Vornehmlich sind es Ausschlagsformen, verschiedene Arten von Drüsenschwellungen, Entzündungen und Hals- und Lungenaffektionen."

* Eine „Pockenerkrankung" kann sich laut Schulmedizin auch nur mit einem Hautausschlag zeigen. Da alle Impfungen einen Hautausschlag (Vergiftungserscheinung; der Hautausschlag entsteht, um das Gift loszuwerden) verursachen können, erklärt sich der Anstieg an „Pocken" nach der Impfeinführung. Es können sich nach einer Impfung auch andere Vergiftungs-Symptome einstellen (z.B. Hirnhautentzündung, Fieber, Durchfall, usw.). Damals verglichen die Ärzte die Symptomatik mit einer Schlangenvergiftung, weil sie diese kannten. Heute sollen die „Corona"- Patienten nach überstandener Erkrankung vorwiegend unter Gefäßerkrankungen leiden – es wird jedoch nicht berücksichtigt, dass durch die Leitlinien-„Therapie" Medikamente verabreicht wurden, die Gefäßkrankheiten auslösen können (z.B. Kortison). Außerdem wurde nicht berücksichtigt, dass die Menschen, schneller zu Aspirin® oder Ibuprofen griffen, wenn sie Erkältungssymptome bekamen. Auch diese Medikamente haben einen Einfluss auf die Gefäße.

Dr. Steinheim beschreibt in dem Buch „Wissenschaftliche Annalen der gesamten Heilkunde“ (1834) das Auftreten der Pocken in den Jahren 1823-24 um Hamburg, Sätze wie: „Nach dem Wiedererscheinen der Menschenpocken nach einer Menschengeneration“ und „haben sich im nördlichen Deutschland, die Menschenpocken wieder eingeschlichen“, machen deutlich, dass die Pockenerkrankung lange Zeit nicht mehr aufgetreten war. Steinheim äußert sich in dieser Schrift, dass die auftretenden Hauterscheinungen nach der Impfung nur äußerliche Ähnlichkeit mit der Menschenpocke haben. Das Jahr 1824 wurde von Dr. Steinheim als das Jahr angegeben, in welchem sich die Pockenerkrankungen nach „einer Generation wieder einstellten“, nicht nur in Deutschland, sondern auch in England und Frankreich, also in den Ländern, in denen am häufigsten die Impfungen von Jenner durchgeführt wurden. In England berichtete man offen darüber, dass sich die Pocken bei den Geimpften häufiger zeigten als bei den Ungeimpften (Quelle: Siehe Anhang 78).
Verweilen wir noch einmal in der westlichen Welt, des 17. Jahrhundert, als Eitermaterial aus menschlichen Eiterblasen („Pockenblasen“) auf gesunde Menschen mittels Einritzungen übertragen wurden. Man erhoffte sich irrsinnigerweise, dass die Gesunden dadurch einen Schutz gegen die Pockenerkrankung aufbauten. Aus dieser Idee leitete sich auch das Denken um die Methode des Ähnlichkeitsprinzips* und dem Ausleiten und Einführen ab. Die Idee des Impfens war die Heilmethode „Gleiches mit Gleichem“ zu behandeln (die Isopathie) und die Entgiftung, die aber auch schon in der Antike bekannt war. In der westlichen Welt etablierte sich diese „Heilmethode“ erst später.
Man probierte alle möglichen Substanzen, Extrakte bis hin zu Giften und Schwermetallen aus, um den Menschen von seiner Krankheit zu befreien. In dieser Zeit lag auch die Idee vom Entgiften, die bis heute ein großer Pfeiler in der alternativen Heilkunst ist.
Im 17. Jahrhundert konnte es passieren, dass einem Patienten 80 Blutegel zur Entgiftung und „Ausleitung“ angelegt wurden. Die wenigsten haben diese Prozedur lebend überstanden.

* „Ähnliches mit Ähnlichem“ kurieren, das ist das Grundprinzip der Homöopathie, die auf diesem Ähnlichkeitsprinzip beruht. Spezielle Arzneimittel, die beim Gesunden Symptome einer bestimmten Erkrankung hervorrufen, sollen eben diese Krankheiten heilen. Der Begründer der Homöopathie ist Samuel Hahnemann, ein deutscher Arzt.

Heute halten einige Mediziner und Heilpraktiker ihre Praxis „am Laufen“, weil sie ihren Klienten glaubhaft vermitteln, dass sie nicht krank, sondern vergiftet sind – leider eben auch dann, wenn keine Vergiftung vorliegt. Die mechanistische und materialistische Denkweise zieht sich bis heute wie ein roter Faden durch die Geschichte.

So wundert es auch nicht, dass 1796 eine Variation der Schröpfmethode, damals eine weit verbreitete Methode, durch den Engländer Edward Jenner, heute als die erste „Impfung“ bezeichnet wurde.
Nachdem das Verfahren von der Übertragung an Eitermaterial aus menschlichen Eiterblasen an sechs Strafgefangenen ausprobiert wurde, testete man diese Vorgehensweise Anfang des 18. Jahrhunderts in ganz England, jedoch vorwiegend in London.

Apropos testen. Wie sieht das heute im 21. Jahrhundert aus:
Mitte Juni 2020 hat Melinda Gates, die Frau des Milliardärs Bill Gates, bei einem Interview Fragen im Umgang zur Pandemie beantwortet. Dabei wurde sie unter anderem gefragt, in welcher Reihenfolge der Impfstoff an wen verteilt wird. M. Gates erklärte, dass zuerst das gesamte Pflegepersonal in den Krankenhäusern und Altenheimen geimpft werden soll und danach solle man nach der Hautfarbe gehen. Also nach dem Pflegepersonal alle dunkelhäutigen Menschen, die afro-amerikanische Bevölkerung und global gesehen sollte der Impfstoff zuerst an Afrika ausgeliefert werden. Auch der chinesische Präsident Xi Jinping versprach Mitte Juni 2020 auf dem China-Afrikagipfel, dass der in China entwickelte Impfstoff zuerst den afrikanischen Staaten zur Verfügung gestellt wird. Begründet wird dies mit der Behauptung, dass alle Afrikaner bzw. Afro-Amerikaner wesentlich stärker von dem Virus betroffen sein sollen. Allerdings traten in Afrika bislang weniger als 360 000 Fälle (= positiv Getestete) auf. Das entspricht 3% der weltweiten Infektionen (Stand: Juni 2020). 9300 Menschen sollen an Corona in Afrika verstorben sein, das sind ca. 1.8% der weilweiten angenommenen Corona-Toten. Im Juni hatte Belgien mit 9732 mehr Corona-Tote als der gesamte afrikanische Kontinent. Mit steigenden Testungen in Afrika sieht das natürlich im November 2020 schon ganz anders aus: 29 787 Corona-Tote werden bis zum 1. November 2020 in Afrika registriert. Vergleicht

man die Zahlen mit Europa ist das immer noch eine verschwindende Zahl, denn Europa behauptet 285 402 Corona-Tote bis zum 1. November 2020 (Quelle: Siehe Anhang 75).

Dabei wird Afrika von einer viel schlimmeren Krise bedroht: Dem Hunger. Zusätzlich wird Ostafrika von einer schrecklichen Heuschreckenplage gefährdet: Millionen von Wüstenheuschrecken fressen die Felder leer. Wegen Dürren leiden im südlichen Afrika 45 Millionen Menschen an Unterernährung. Auf dem gesamten Kontinent Afrika sind 257 Millionen Menschen vom Hunger gequält! Alle vier Sekunden stirbt ein Mensch an Hunger (weltweit). Alle 10 Sekunden stirbt ein Mensch an Tuberkulose, das sind 1,5 Millionen Menschen jährlich (Quelle: siehe Anhang 76). Jedes Jahr sterben ca. 100 000 Kinder an der Noma-Krankheit in Afrika, bei der die Gesichter der Kinder von Entzündungen regelrecht zerfressen werden und zu entsetzlichen Entstellungen führen, wenn die Krankheit überlebt wird. Dabei ließe sich das Leiden mit minimalem Aufwand beheben, weil die Ursache dafür in schlechten Hygienebedingungen und in einem Eiweiß- und Vitaminmangel (Mangelernährung) zu finden ist. Noma ist die Krankheit der extremen Armut! (Quelle: siehe Anhang 77). Man muss keine medizinische Ausbildung haben, um erkennen zu können, dass hier gehörig etwas schief läuft. Wie leicht dieses Elend zu stoppen wäre, haben wir Ihnen aufgezeigt – Impfungen gehören sicherlich nicht dazu!

Zurück ins 18. Jahrhundert:
Schon 1727 gab es Beschreibungen, die vor einem Pockenausbruch aufgrund von Impfungen warnten.
Trotz allem hörten die Bemühungen, gegen die Pocken in Form der Einimpfung etwas zu unternehmen, nicht auf. Und vorweg gesagt: Bei allen Praktiken die man unter den Impfverfahren anwendete, konnte festgestellt werden, dass geimpfte Menschen häufiger und schwerer an Krankheiten litten als Ungeimpfte. Daran hat sich bis zum heutigen Tag nichts geändert (Quelle: siehe Anhang 14).

Vielleicht ist Ihnen das Lübecker Impfunglück bekannt – es ging als Horrormeldung („Lübecker Totentanz") in die Medizingeschichte ein: Im April 1930 wurden 251 Neugeborene dreimal mit dem Tuberkulose-Impfstoff (BCG-Impfstoff) geimpft, davon verstarben innerhalb der ersten fünf Monate 72 Säuglinge (Laut Obduktionsberichten sollen die Babys an Tuberkulose verstorben sein*). Insgesamt erkrankten 135 Babys, nur 44 Kinder blieben gesund. Von den im gleichen Zeitraum in Lübeck geborenen 161 Kindern, die nicht geimpft wurden, erkrankte keines (Quelle: siehe Anhang 78).

* Laut Berichten zufolge soll die Impfung mittels „Fütterung" (damalige Bezeichnung) von Rindertuberkelbazillenkuren im Essen vonstattengegangen sein. Wie häufig diese „Kuren" stattfanden, konnten wir nicht in Erfahrung bringen. Warum nun, wurde bei den Kindern als Todesursache die Tuberkulose angegeben? Wenn durch das Einbringen von Tuberkelbazillen (über das Essen) eine Schwindsucht ausgelöst werden könnte, wäre die Ansteckungstheorie bewiesen. Es wäre aber auch möglich, dass die „Kuren" Toxine enthielten (und dazu auch noch Gifte von nicht-menschlichen Eiweißen): Wenn Eiweiße zersetzt werden, entstehen Gifte. Würden Sie z.B. einen Mayonnaise Salat essen, der ein oder zwei Tage in der Wärme gestanden hat, würden sie unter Durchfall und/oder Erbrechen leiden. Stand der Salat noch länger herum, können Sie davon schwerwiegendere Vergiftungszeichen entwickeln. Da wir keine genauere Todesursache in Erfahrung bringen konnten, können wir über dieses Unglück nur spekulieren. Damit Sie unser „Dilemma" besser verstehen können, seien an dieser Stelle mögliche Symptome einer Tuberkuloseerkrankung aus schulmedizinischer Sicht genannt: Kleine Entzündungsherde, die sich in der Lunge verkapseln und Knötchen bilden. Werden die Entzündungsherde nicht abgekapselt folgt laut Schulmedizin eine „aktive Infektion" mit Müdigkeit, Schwäche, Appetitlosigkeit, Gewichtsabnahme, geschwollenen Lymphknoten, Fieber, Nachtschweiß, Husten, Heiserkeit und Kehlkopfentzündung. Pleura Erguss, blutiger Auswurf, starke Blutarmut, Befall von anderen Organen, usw. werden unter dem Begriff Miliartuberkulose zusammengefasst. Eine Hirnhautentzündung mit Kopfschmerzen, Nackensteifheit, Halluzinationen, Bewusstseinsstörungen, Krampfanfällen kommen aus schulmedizinischer Sicht ebenfalls zu den Symptomen einer Tuberkulose dazu. Daneben gehören Symptome an der Aderhaut, eine Blutvergiftung, eine sogenannte Hauttuberkulose mit Gewebsuntergängen, Abszesse im Bereich der Muskeln und des Rückenmarks ebenfalls aus schulmedizinischer Sicht in dieses Krankheitsbild. Last but not least kann es mit dem Wissen der Schulmedizin auch zu einer Tuberkulose des Gehirns, der Hirnhäute und zu einer Beteiligung der Nieren, Nebenniere, Harnwege, Knochen und Darm kommen. Daneben soll auch eine Kehlkopftuberkulose oder eine Beteiligung der Zähne möglich sein. Damals war es wohl schwierig zwischen einer Rachitis und einer Tuberkulose zu differenzieren. Da es sich bei den Impfungen um Vergiftungen handelt, erklärt sich beispielsweise das Bild einer sogenannten Hauttuberkulose, bei der das Gift abgekapselt wird und Entzündungen entstehen. Die Entzündungen entstehen, um das Gift loszuwerden. Es können sich nach einer Impfung auch andere Vergiftungs-Symptome einstellen (z.B. Hirnhautentzündung, Fieber, Durchfall, Abszesse, geschwollene Lymphknoten, Müdigkeit, Appetitlosigkeit, Gewichtsabnahme, usw.).

In der Zeit nach den ersten Pockenimpfungen starben pro Jahr ca. 25 000 Menschen mehr, als in den Jahren vor der Einführung des Impfverfahrens. In Weimar führte der deutsche Arzt Hufeland (1762-1836) 1781 die Pockenimpfung ein und löste damit eine Epidemie mit sehr vielen tödlichen Verläufen aus. Die damals so genannte „Schwachsinnigkeit" oder Totgeburten blieben aufgrund der Vergiftungen (Impfungen) nicht aus.
In Hamburg und Berlin (1794 und 1795) konnte man ähnliches beobachten. In Bayern erkrankten im Jahr 1871 29 429 geimpfte Menschen. Nur 1313 Ungeimpfte erkrankten. Aufgrund dessen und noch vieler anderer Vorfälle wurde die Pockenimpfung in vielen Ländern eingestellt und teilweise sogar unter Strafe gestellt. Der Wiener Professor De Haen (1704-1776) schrieb im Jahr 1755: „...seit 18 Jahren...hat die Einimpfungsmethode verschiedene Schicksale erfahren: Bald wurde sie, wie zum Beispiel in Frankreich und den Niederlanden aufgenommen und angerühmt; bald schrie das Volk dawider, oder die Gerichtshöfe setzten ihrem ferneren Fortgange Verordnungen entgegen..."

Edward Jenner (1749-1823), der als „Vater der Impfungen" bezeichnet wird, hatte die Idee der Kuh-Pockenimpfung: Eine Impfung von Tier zu Mensch (alle Impfungen davor waren Einimpfungen von Mensch zu Mensch). Den Einfall, dass durch den Kontakt mit Kuhpocken ein Schutz aufgebaut werden würde, bekam Jenner von einem Bauern – von dessen Selbstversuchen erfuhr Jenner allerdings nichts: Der Bauer impfte seine Frau und seine beiden Kinder mit einer Stumpfnadel mit Kuhpockenbläschen – Sie erkrankten schwer, weil mit diesem Einfall tierisches, und vermutlich schon zersetztes Eiweiß (Toxine; siehe auch S. 74), in den menschlichen Körper gebracht wurde.
Jenner setzte sich vehement für die Pockenimpfungen in England ein, die in der Folge in ihrer Häufigkeit stark zunahmen. Trotz Jenners konsequenten Einsatzes war die Impfung unter der Bevölkerung und unter den Ärzten strittig. 1790 impfte Jenner seinen 10 Monate alten Sohn, der danach geistig behindert war und mit 21 Jahren starb. Trotz dieses Schicksals war Edward Jenner sein Leben lang von der Idee der Pocken-Inokulation* regelrecht besessen. Eine unbekannte Kraft ließ Jenner geradezu missionarisch auftreten, sodass er seine Misserfolge übersah.

* Einbringen von Bakterien oder Gewebe in einen Organismus.

Der Engländer Edward Jenner brachte das Serum von an Pocken erkrankten Pferden und Kühen direkt in die Blutbahn des Menschen – diese Methode war ebenfalls neu. Erstmalig hat Jenner körperfremdes Eiweiß in die Blutbahn von Menschen übertragen. Viele Menschen starben an den Versuchen und keineswegs fand die Einführung der Pockenimpfung widerstandslos statt. Trotzdem setzte sie sich durch. Warum?
Das kann nur mit den nachfolgenden Zeilen beantwortet werden:
In Frankreich, den Niederlanden und in Deutschland fanden sich die eifrigsten Nachahmer von Jenner. Am Ende seines Lebens war Jenner jedoch durch seine zahlreichen Fehlschläge so erschüttert, dass er von seiner Erfindung Abstand nahm. Er sagte: „Ich weiß nicht, ob ich nicht doch einen furchtbaren Fehler gemacht habe und etwas Ungeheures geschaffen habe". Seine Kollegen nahmen ihn zu diesem Zeitpunkt nicht mehr ernst, die Impfung war wohl schon zu lukrativ für sie geworden. Ebenfalls war die Idee verlockend: Nicht die Kranken zu behandeln, sondern im Vorfeld einen Schutz zu haben, damit Krankheit erst gar nicht entsteht. Der Gedanke war heroisch – die Umsetzung teuflisch. Sich über die Natur zu erheben, sie zu beherrschen, stand hinter diesem Leitgedanken des vermeintlichen Schutzes.

Trotz all der negativen Erfahrungen begann Deutschland 1806 die Pockenimpfung einzuführen. Hessen und Bayern waren die Vorreiter. Auch die Niederlande führte die Pockenimpfung ein. Obwohl schon Anfang des 19. Jahrhunderts wegen immenser Schädigungen der Menschen, die Impfung in England wieder verboten wurde. Nur wenige Jahre später wurde die Impfung in Deutschland und den Niederlanden auch wieder aufgegeben.

War es die Besessenheit oder das lukrative Geschäft das letztendlich 1874 zu dem Reichsimpfgesetz führte, indem die Impfpflicht für die zweite Pockenimpfung für das gesamte Deutsche Reich eingeführt wurde? 1875 wurde die Bevölkerung restriktiv durchgeimpft. Die Zahlen wiesen danach keine impfbedingte Abnahme nach der Einführung der Impfpflicht aus.
Laut Dr. Kussmaul lag die Sterblichkeitsrate vor der Impfeinführung bei 12-14%. 1871 lag die Sterblichkeitsrate im gut durchgeimpften Berlin bei 45%. Im Wiener Krankenhaus, so Kussmaul, wurden von 1836 bis 1856 5217 Geimpfte und

1004 ungeimpfte Erkrankte behandelt. In Bayern, wo es eine Impfpflicht seit 1806 gab, erkrankten 1871 insgesamt 31.518 Menschen: 29.429 waren geimpft, 1313 waren ungeimpft. Zwischen 1870 bis 1872 waren in London von 14.808 Pockenkranken 11.174 geimpft (Quelle: siehe Anhang 78).

Mehr und mehr traten die Ruhmeshymnen der Pockenimpfungen allmählich wieder in den Hintergrund, da in den 1920er Jahren erneut vermehrt Pockenfälle auftraten und sich unter den Erkrankten zunehmend Geimpfte befanden.

Daran hat sich im Vergleich mit der Grippeimpfung im 21. Jahrhundert nichts geändert. An Grippe Geimpfte können trotzdem eine Grippe bekommen. Erklärt wird dieser Umstand von der Schulmedizin, dass der „falsche Stamm an Viren" verimpft wurde. Was aber weitaus schwerwiegender ist, dass an Grippe Geimpfte schwerer erkranken und langsamer wieder gesund werden.

Ein weiterer wichtiger Aspekt für die Einführung von Impfungen ist durch den Wandel der Weltanschauung gegeben. Während im 18. Jahrhundert noch der Idealismus, in Kombination mit religiösen und spiritistischen Zweigen, das Denken beherrschte, setzte sich allmählich das realistische und materialistische Konzept durch. Diese mechanistische Denkweise verlangte geradezu eine Beherrschbarkeit der Natur. Der Mensch griff in natürliche Vorgänge der Umwelt und auch immer mehr in den menschlichen Körper ein. Die Naturwissenschaften entwickelten sich dadurch rasant, und es wurde durch immer kleinere Mikroskope geschaut.

Während im 17. und 18. Jahrhundert Symptome, wie beispielsweise Fieber, Hautausschlag, Durchfall, usw., nach einer Impfung als Zeichen dafür standen, dass die Impfung schadet, wurden die Symptome später als eine „positiv erwartete Impfreaktion" interpretiert. Edward Jenner kam auf die Idee, die Symptome positiv zu bewerten, damit man wisse, dass eine Impfung „angegangen" sei - sozusagen erfolgreich gewesen war. Erst viel später wurde diese Idee auch von der Bevölkerung akzeptiert.

Daran hat sich bis zum heutigen Tag nichts geändert. Laut RKI gehören Rötung, Schwellungen und Schmerzen an der Impfstelle, sowie Allgemeinreaktionen wie Fieber, Kopf- und Gliederschmerzen und Unwohlsein zu den typischen Beschwerden einer Impfreaktion. „Diese Reaktionen sind Ausdruck der erwünschten Auseinandersetzung des Immunsystems mit dem Impfstoff und klingen in der Regel nach wenigen Tagen komplett ab.", schreibt das RKI unter Impfreaktionen (Quelle: siehe Anhang 79). Es kam also nur das imaginäre Immunsystem dazu. Es hat sich also in den vergangenen fast 150 Jahren nichts geändert.

Was sich allerdings geändert hat ist, dass der gesunde Menschenverstand mehr und mehr in den Hintergrund und das materialistische Weltbild mehr und mehr in den Vordergrund getreten ist. Da die Medizin immer mehr die Ursachen für eine Erkrankung auf materielle Gründe ausgerichtet hat, begann man damit für Krankheiten, bei denen keine Ursache gefunden werden konnte, die Erreger (die von außen kommen) dafür verantwortlich zu machen. Auch bei der „Sternzeichendiagnose" Krebs wurden die Ursachen im Außen angenommen und man machte krebserregende Stoffe für dessen Entstehung verantwortlich. Eine Lungenentzündung mit hohem Fieber wurde den behaupteten Viren als Verursacher zugeschoben, eine eitrige oder tuberkulöse Lungenentzündung wurde den Bakterien als Verursacher untergejubelt. Daraus entstand die bis heute aufrecht erhaltene Infektionstheorie, die nie bewiesen wurde und deren jeweilige Widerlegungen bis heute ignoriert werden. Die Kenntnis der realen Biologie und ihrer Abläufe bei Erkrankung und Gesundung, schließt die Annahme von Erregern und Viren aus. Das vorherrschende materielle Paradigma, mit der Annahme, Krankheiten hätten eine gegenständliche Ursache und kämen von außen, wurde zum allgemeingültigen Dogma erhoben.

Später wurden auch innere, materielle Gründe z.B. bei den sogenannten „Autoimmunkrankheiten" oder „Rheuma" erfunden. Dafür sollen Eiweiße, die vom Körper selbst gebildet werden, sich gegen den Organismus richten. Das fiktive Immunsystem sei der Grund dafür.

Erst im 19. Jahrhundert kam die Zeit, als die Kirche sehr froh war, dass nun bewiesen war, dass Leben nicht spontan entstehen kann und sich auf die Seite der Politik stellte, die plötzlich begann, einige „Wissenschaftler" zu finanzieren, die trotz aller gegenteiliger Resultate ihrer Experimente, behaupteten, dass Krankheiten durch Mikroben „übertragbar" sind.

Für die Kirche stand schon lange fest, dass, wer krank ist, gesündigt hat und über ihn die gerechte Strafe Gottes gekommen sei. Nun kam die Strafe Gottes in Form einer Mikrobe, das passte gut, denn, der „normale Bürger" konnte die Mikrobe nicht sehen – genauso wenig wie er Gott sehen konnte. Somit war die Mikrobe, die Krankheiten brachte, von Gott geschickt. Der Glaube an Gott muss nicht bewiesen werden und die krankmachende Mikrobe auch nicht, oder?

Seit dieser Zeit wurde diese Art von „Wissenschaftler", die behaupteten, dass Krankheiten „übertragbar" seien, obwohl sie das Gegenteil bewiesen haben, als „Kontagionisten" bezeichnet. Zusätzlich zu der Politik wurde sie von Kirchen und kirchennahen Sponsoren unterstützt, was nicht unbedeutend war und wesentlich zum Verhängnis beigetragen hat. Die damalige Schulmedizin hat es nicht geschafft, gegen diese Allianz das Oberwasser zu behalten, obwohl durch wackere Selbstversuche* gezeigt wurde, dass Bakterien, die für Krankheiten verantwortlich gemacht wurden, nicht in der Lage sind, Krankheit auszulösen.

Betrachten wir noch einmal das 19./20. Jahrhundert, in welchem auch die Idee der Antikörper und Antitoxine entstand:

Emil Adolph von Behring (1854-1917) behauptete, dass im Blut diphtheriekranker Tiere Antitoxine** entstehen, die die Tiere vor der Erkrankung schützen. Er nahm an, dass nicht das Diphtheriebakterium, sondern die von ihm ausgeschiedenen Gifte die Erkrankung auslösten. Behring folgerte daraus, dass die Gifte der Bakterien bei bereits ausgebrochener Krankheit die körpereigene Abwehr unterstützten und somit heilend wirken müssten. Schon ab 1890 gab Behring die ersten Heilerfolge diphtheriekranker Tiere bekannt.

* Nachdem Robert Koch (1843-1910) erneut festlegte, dass Krankheiten durch Bakterien verursacht werden, machten die berühmten Ärzte Rudolf Virchow (1821-1902) und Max von Pettenkofer (1818-1901) durch einen Selbstversuch darauf aufmerksam, dass dies nicht stimmte. Sie tranken je ein Glas mit Tuberkel-Bakterien, bzw. Cholera-Vibrionen aus, und erkrankten nicht.

** Gegengifte

Er veröffentlichte im Dezember 1890 in der Deutschen Medizinischen Wochenzeitschrift den Artikel „Über das Zustandekommen der Diphtherie-Immunität und der Tetanus-Immunität bei Tieren", und stellte dort die Rolle der Antitoxine vor, die sich im Blutserum bilden sollen und die von den Erregern ausgeschiedenen Toxine* neutralisieren.

Dass Bakterien jedoch nur unter Sauerstoffabschluss Toxine bilden, hatte Behring übersehen. Von daher ist diese Theorie schnell widerlegbar, da es im Körper kein sauerstofffreies Milieu gibt. Sauerstoffabschluss in Geweben kommt nur bei Toten und in Körperteilen vor, die von der Blutversorgung abgeschnitten sind. Aus dieser Hypothese von Behring entwickelte sich die Idee der „passiven Immunisierung".

1891 begann Behring mit Paul Ehrlich (Begründer der Chemo"Therapie"**) die Zusammenarbeit und schon im November 1894 produzierten die Farbwerke Hoechst die Herstellung des Diphtherie-Serums. 1896 wurde das Serum in Deutschland behördlich verordnet. Es folgten noch im gleichen Jahr die Länder Frankreich und England.

Dr. von Roques schreibt in seinem Buch „Neue Medizin in der alten Hausapotheke" von 1941: „Hier kommen wir auf ein ganz trauriges Gebiet: Die Diphtherie, deren endgültige Besiegung durch das Serum (Impfung) gesichert scheint, hat ihr Haupt wieder erhoben. Die Serumbehandlung trat in den frühen neunziger Jahren des letzten Jahrhunderts (19. Jhd.) ihren Siegeszug über die Welt an und es ist heute noch der unerschütterliche Glaube, dass das stärkste Heilmittel gegen den Feind Diphtherie in diesem Serum gefunden wurde. So stark war diese Überzeugung, dass die Zahl der demnach erliegenden Kinder glatt übersehen wurde. Auch Behring selbst und seine Mitarbeiter, wie Roux, hatten Misserfolge zu verzeichnen".

* Gifte

** Das Wort „Therapie" im Zusammenhang mit Chemo ist irreführend, da der Mensch annimmt, er wird mit Chemo geheilt (therapiert). Es starben jedoch noch nie so viele Menschen durch Chemo mit einer Krebs-Diagnose.

Dr. Roque schreibt weiter, dass das Auf und Nieder der Seuchenzüge in der Geschichte schon mehrfach beobachtet werden konnte und dass die Ärzteschaft nun feststellen musste, dass sie wieder vor einer schweren, bösartigen, malignen Form der Diphtherie stehe und dass Diphtherieimpfungen keinen positiven Einfluss auf den Verlauf der Krankheit hatten.

Das war der Grund dafür, dass man nach einem neuen Impfstoff suchte. Doch blieben die Versuche erfolglos. Durch einen Zufall fand man einen Ausweg aus dem Dilemma, „entweder eine wirkungslose oder eine tödliche Impfung" zu produzieren, indem man durch eine Aluminiumverbindung, die Fähigkeit des Impfstoffes „Antikörper" (= Eiweiße) zu bilden, erreicht hatte. So werden aufgrund des im Impfstoff enthaltenen Aluminiums Eiweiße gebildet, die später als sogenannter „Titer"* herhalten konnten, um die Wirkung einer Impfung zu behaupten. Aluminium ist auch heute in den Impfstoffen enthalten. Nur aufgrund der in den Impfungen enthaltenen Hilfsstoffe werden verschiedene Eiweißkörper gebildet. Übrigens: Laut WHO ist nach zwei Diphtherie-Impfungen der Grenzwert an Quecksilber, den ein erwachsener Mensch haben darf, schon weit überschritten (mehr Informationen über die sogenannten „Antikörper" finden Sie auf der S. 112).

Sie sehen an diesen Beispielen, wie schwer es ist, Erkrankungen von Vergiftungen durch Impfungen abzugrenzen. Die häufigsten Impfschäden nach einer Diphtherie-Impfung sind: Gehirnentzündungen, Nerven- und Nierenentzündungen, sowie eine Halbseitenlähmung.

Die Symptome Fieber, Hautausschlag, Durchfall, Kopf- und Gliederschmerzen, usw., die sehr häufig nach einer Impfung auftreten, sind Symptome, die einer Vergiftung entsprechen. Der Körper reagiert auf die erfolgte Vergiftung mit diesen Symptomen und versucht auf diese Weise, das Gift wieder loszuwerden. Könnte unser Organismus diese Abläufe nicht mehr organisieren, hätten wir ein großes Problem!

* Der sogenannte „Titer-Spiegel" gibt eine Verdünnungsstufe an, bei der ein diagnostischer Test noch als positiv gewertet wird.

Die zu jeder Zeit widerlegten Behauptungen, dass sich Krankheiten, bedingt durch sich schnell verbreitende „Erreger“ seuchenartig ausbreiten können, wurden gezielt durch den Deutschen und Französischen Staat als Politik der Angsterzeugung eingesetzt, um Angst vor dem Gegner im Kriege zu schüren und zu rechtfertigen, warum man Gefangene – nicht nur Kriegsgefangene – in Isolierstationen unter „Quarantäne“ stellen muss!

In der BRD wurde zum 1. Januar 2001 das Bundesseuchengesetz von 1961 „novelliert“ und in das Infektionsschutzgesetz überführt. Darin werden 26 Situationen beschrieben, in denen die „Infektiologen“ in den Gesundheitsämtern und vor allem des Landes und des Bundes, Ausgangssperren, Quarantäne, Verhaftungen etc. „verfügen“ dürfen, wenn es „begründeten Verdacht“ auf „gefährlich werden könnende“ neue und alte „Erreger“ geben sollte. Also, das Grundgesetz, das uns schützen soll, aufhebt.

Die „MKS-Seuche*“ zu Beginn des Jahres 2001 war nur eine kleine Trockenübung, das neue Gesetz in der Praxis zu erproben. Das „MKS-Virus“ ist nämlich ebenfalls eine Erfindung der Deutschen aus dem Jahre 1898 (Warum? Die Erklärung folgt weiter unten). Es folgten noch weitere Epidemie- und Pandemieübungen**, bis schließlich am 25. März 2020 die Übungen zur Realität wurden: Der Deutsche Bundestag stellte das Vorliegen einer „epidemischen Lage von nationaler Tragweite“ fest und hob somit das Grundgesetz auf. Wird die Feststellung der „epidemischen Lage von nationaler Tragweite“ nicht aufgehoben, bestimmt das „Infektionsschutzgesetz“ bis zum 31.03.2022 oder sogar bis 2025 unser Leben – das Gesetz wurde zuletzt am 18.11.2020 drastisch geändert (Quelle: siehe Anhang 80).

*Maul- und Klauenseuche; soll durch Rinder, Ziegen, Schafe, usw. auf den Menschen übertragen werden können. Symptome: Fieber, Abgeschlagenheit, Kopf-und Rückenschmerzen, gerötete Mundschleimhaut, punktförmiger, geröteter Hautausschlag an den Lippen-, Mund-, Rachen-, Zungen-, Füßen- und Händen, zum Teil mit Hautablösungen.

** Beispielsweise SARS-CoV (2003), die Vogelgrippe (2006), die Schweinegrippe (2009), MERS-CoV (2012) Ebola (2014), ZIKA (2016).

Gehen wir nochmal zurück in die Zeit des 19. Jahrhunderts: Es war eine Zeit der Kriege und des kriegerischen Denkens, das fortan auch das Denken der nun, voll und ganz staatlich gestützten „Wissenschaft", der „Seuchenmedizin" dominieren wird.

1875 war es den Engländern gelungen, den Suezkanal unter ihre vollständige Kontrolle zu bringen. Damit hatten sie erhebliche Handelsvorteile, die den Kontinentalmächten Europas mehr als nur ein Dorn im Auge waren. Es wurde, um die Handelsvorteile Englands einzuschränken, damit gedroht, „Quarantäne" auf englische Schiffe und Produkte zu verhängen, um die Schifffahrt durch das Mittelmeer hindurch und den Handel zu blockieren. Verschlimmert wurde die Situation, als England den drastisch verkürzten Reiseweg in seine Kolonie auch noch ausnützte, um von dort Truppen heranzuholen, mit denen Ägypten 1882 faktisch zu einer Kolonie Englands gemacht wurde.
Die Ärzte, die als Lokalisten verleumdet wurden, hatten „Cholera-Ausbrüche" in den Gefangenenlagern vorausgesagt, die benutzt wurden, um die angedrohte „Quarantäne" politisch durchdrücken zu können. Doch die „Lokalisten", darunter der berühmte Deutsche Arzt Max von Pettenkofer, und der berühmte Mikrobiologe seines Landes, der Österreicher Edward Emanuel Klein bewiesen, dass „Cholera" nicht übertragbar sei, und dass es letztendlich an den Fäkalien im Wasser läge, dass Menschen zum Teil lebensgefährliche Durchfälle bekommen.
Also wurde von der deutschen Regierung Robert Koch nach Ägypten beordert, um dort zu beweisen, dass „Cholera" übertragbar ist. Resultat: Negativ! Er konnte nur beweisen, dass es nicht möglich ist, Cholera zu übertragen. Also wurde er nach Kalkutta beordert, um dort das Gleiche zu tun. Resultat: Negativ. Er hatte wieder nur beweisen können, dass „Cholera" nicht übertragbar ist. Der Öffentlichkeit wurde aber berichtet, dass Cholera übertragbar sei und von den Engländern aus Indien nach Europa eingeschleppt werden könne. Die Engländer hatten aber schon lange zuvor aufgezeigt, dass Krankheiten u.a. durch lokale, Wetter-, Wasser-, Boden-, Ernährungs- und andere Umstände bedingt werden. Als 1866 der Ausbau des Kläranlagensystems in den Großstädten abgeschlossen war, und England seit dieser Zeit keine Cholera-Epidemie mehr

hatte, verlief die Sache im Sand. Quarantäne-Maßnahmen wurden den Engländern deswegen nie auferlegt (Quelle: siehe Anhang 81).
Damit waren die Weichen gestellt, und von da an gab es in der „staatlichen Wissenschaft“ nur noch ein Denksystem über Krankheiten, nämlich das des Krieges. Das Kampf-Paradigma zur Erklärung von Krankheiten war geboren und dominierte von dort an, bis heute.

Die Deutschen hatten schnell gelernt und fortan wurden „indirekte“ Beweise „offiziell“ akzeptiert, um Krankheiten zu erklären. Man muss sich in Erinnerung rufen, dass Deutschland damals die Welt „wissenschaftlich“ dominierte. Und in Deutschland 1884 die Berliner-Konferenz stattfand, auf der Europa die Kolonialisierung Afrikas beschloss. Aus humanitären Gründen sozusagen, denn ohne Europäer in Afrika, wurde behauptet, könnten die Afrikaner selbst nicht überleben. Der größte Holocaust aller Zeiten begann, der noch viel weniger als der Holocaust an den Juden aufgearbeitet wurde und bis heute Afrika entwurzelt hat und am Boden hält.

Die „Wissenschaft“ lieferte die Argumente, warum Afrikaner Untermenschen seien. Und die Infektiologen entschieden über Leben und Tod und toben sich bis heute in Afrika ungehindert und auf hinterhältigste Art und Weise aus. Seit dieser Zeit wird in Afrika mittels „Impfungen“ eine brutale „Bevölkerungspolitik“ betrieben, die „AIDS“ hervorgebracht hat und jetzt durch den Einsatz von „Gentechnischen“ Impfstoffen überboten wird. Damit kann man nämlich auch Männer sterilisieren.

Das Kriegs-Paradigma ist bis heute dominierend in der Erklärung von Leben. Was dazu führte, dass sich die Biologie, seit ihren Anfängen, noch nie so weit von der Realität des Daseins entfernt hat wie heute. Besonders fatal wirkt sich das in der „Behandlung“ von Krankheiten aus und zerstört die Grundlagen der Existenz. Die drastisch gestiegene und immer noch steigende Zunahme an Unfruchtbarkeit, chronischen Krankheiten, Krebs, etc. ist ein sicherer Indikator für die Selbstzerstörung der Menschheit durch die Medizin. „Kampf der Mikrobe“ und nicht „Leben mit der Mikrobe“ war von da an das Dogma.

So ist es denn auch nachvollziehbar, dass von dieser Zeit an auf alles geschossen wurde, was als krank und abartig angesehen oder definiert wurde – anstatt zu verstehen. Die Behutsamkeit, die Sorgfalt der Anwendung und Behandlung, die Anamnese, etc. welche für die Mediziner unerlässlich sind, wurden vergessen und sogar geächtet (siehe auch S. 34 – Leitlinienbehandlung bei Corona).

Bei einem durchschnittlichen Krankenhaus- oder Praxisbesuch bekommt der nichtsahnende Mensch den Eindruck, dass er sich in einem furchtbaren Krieg und oftmals sogar im Endkampf befindet. Sogar die revolutionäre Biochemie des 20. Jahrhunderts, die jedem Forscher klarmachte, dass Leben in „Gleichgewichten" funktioniert, wurde und wird ignoriert. Wenn ab und zu bei Krankheiten Bakterien im Lichtmikroskop gesehen wurden, wie z.B. bei Cholera im Wasser, oder bei der „Tuberkulose", wurde, entgegen allen Beobachtungen behauptet, dass die Bakterien die Ursache der Krankheiten seien. Ein Beweis dafür wurde allerdings nie erbracht.

Pierre Jaque Antonie Béchamp (1816-1908) beschrieb 1866 den Kreislauf der lebendigen Substanz. Er nannte die in pflanzlichen, tierischen Zellen und im menschlichen Blut festgestellten lebenden Kleinstbestandteile, Mikrozyme – die lebende Grundsubstanz. Béchamp stellte fest, dass die Mikrozyme sich immer den gegebenen Lebensbedingungen anpassen. In Abhängigkeit ihrer Umgebung entwickeln sich aus den Mikrozymen Bakterien. Selbst nach dem Tod, stellte Béchamp durch schlüssige Untersuchungen fest, werden die Mikrozyme nicht zerstört. Daraus schloss Béchamp, dass bei einem Krankheitsprozess die Mikroorganismen (Bakterien, Pilze) für die Umwandlung der Krankheitsprozesse zuständig sind. Die Mikroorganismen stellen nicht die Ursache der Krankheit dar, sondern „ernähren" sich von den Krankheitsprodukten und verstoffwechseln diese – wandeln sie also in unschädliche Stoffe um.

Louis Pasteur (1822-1895) glaubte, dass externe Mikroorganismen für Krankheiten verantwortlich seien und hielt diese für Luftkeime. Er schrieb den Mikroorganismen immer mehr Macht zu, bis er schließlich glaubte, dass alle Krankheiten nur als Folge von Mikroorganismen auftreten. Pasteur vertrat die Meinung, dass Krankheit nicht im Menschen, sondern von außen über die Luftkeime zugeflogen kam. Seit heute vertritt die Schulmedizin, vorwiegend bei den sogenannten Infektionskrankheiten, diese Meinung – obwohl sie bis zum heutigen Tag keinen Beweis dafür erbracht hat.

Alle anderen Krankheiten, bei denen man nur sehr selten oder nie Bakterien beobachten kann, wurden und werden seit Ende des 19. Jahrhunderts und bis heute durch frei erfundene „Viren", neuerdings auch Gene erklärt. Darunter stellte man sich noch kleinere „Erreger" als die Bakterien vor. Dies war nur möglich, da es zu dieser Zeit noch nicht machbar war, kleinere Strukturen als Bakterien zu fotografieren. Das Elektronenmikroskop wurde erst 1931 erfunden.

Weitaus logischer und auch bewiesen ist die Meinung Béchamps, denn würden Krankheiten immer durch das Einatmen von Erregern aus der Luft verursacht werden, wäre wohl keiner von uns mehr am Leben. (Meistens ist der gesunde Menschenverstand näher an der Wahrheit, weil er den Gesamtüberblick gestattet). Wären wir immer den verschiedenen Arten von „krankmachenden Erregern" ausgesetzt, würde keiner von uns bei einer Epidemie oder Pandemie, übrigbleiben. Davor kann uns auch kein Mundtuch bewahren, denn die sogenannten Viren sollen ca. 1000-fach kleiner als 0.6 Mikrometer sein. Die beste Schutzmasken-Klasse (FFP3) kann nur Partikel bis zu einer Größe von 0.6 Mikrometer filtern (siehe auch S. 140).

Nicht nur Béchamp hat Pasteurs Theorie widerlegt, sondern auch andere Forscher. Beispielsweise widersprach Henri Chariton Bastian, ein englischer Biologe, Pasteur leidenschaftlich. Er beobachtete, wie Mikroben im Inneren von alten Früchten, sogar in den Steinen der Früchte entstanden – sie konnten unmöglich durch Luftkeime dort hinein gekommen sein. Claude Bernard (1813-1878) formulierte schon sehr früh im Wissenschaftsstreit und vermutlich als erster den bekannten Satz: „Die Mikrobe ist nichts, das Milieu, in dem sie lebt, ist alles". Diesen Satz, den Pasteur kurz vor seinem Tode wiederholte, wurde bis heute von der Wissenschaft totgeschwiegen – weil die Wissenschaftler wissen, dass diese Erkenntnis stimmt.

Doch der Chemiker Pasteur hatte einfach die notwendigen politischen Verbindungen, die sich bis zum französischen Kaiser erstreckten. Er war ein Meister der Eigenwerbung und machte seine Forschung populär, indem er die Bedeutung der Mikroben in der landwirtschaftlichen Industrie hervorhob. Seine Experimente für die Seidenraupen- und Bierindustrie machten ihn zum Nationalhelden – seine Theorien wurden in Fachzeitschriften und Lehrbüchern immer ernst genommen. Obwohl die Professoren vom Veterinär-medizinischen Institut in Turin und der französische Forscher Claude Bernard aufgezeigt haben, dass Pasteurs Methode ein absoluter Fehlschlag war, konnte Pasteur sich durch seine politischen Verbindungen und den Einsatz von finanziellen Mitteln gegen seine Gegner durchsetzen. Pasteur sorgte dafür, dass Béchamp noch zu seinen Lebzeiten völlig ausgeschaltet und ignoriert wurde.

Der Arzneimittelforscher Paul Ehrlich (1854-1915), der zeitlebens nach der „Magischen Kugel" suchte, um damit „alle Krankheiten gleichzeitig" bekämpfen zu können, kam auf den Plan. Die Chemo-„Therapie" war geboren. Der Chemiegigant Alfred Nobel, Erfinder des Dynamits stiftete seit 1901 alljährlich den „Nobelpreis", um dieser Art von „Forschung" Auftrieb zu verleihen. Der erste Nobelpreis (1901) ging an den Kollegen von Ehrlich, den „Bakteriologen" Emil von Behring (1854-1917), der ab 1889 grausamste Tierversuche durchführte und behauptete, dass die Giftstoffe der „Tetanus- und Diphtheriebakterien", die bestimmte Bakterien nur unter ganz speziellen Bedingungen im Reagenzglas produzieren, im Körper durch „Antitoxine"* neutralisiert werden.

Aus diesem Konzept wurde später dann der berühmte „Antikörper", von dem behauptet wird, dass er die spezifische Waffe des „Immunsystems" sei, die der Körper „gegen" eindringende Erreger bilden würde. Dies entgegen aller gemachten Beobachtungen!

* Gegengifte

Heute weiß man, dass „Immunfunktionen“ nicht spezifisch sein können, sondern abhängig vom Energie-Status des Körpers und der Gewebe, der Resilienz* und der Redox-Regulation** des Organismus funktionieren, also im Denksystem des Krieges, dem Kampf-Paradigma der „Wissenschaft“ nicht erklärt werden können. (Mehr Informationen über die sogenannten Antikörper finden Sie auf S. 112).

Die „Impfindustrie“ erfuhr nun aber einen enormen Schub und dominiert seitdem die ganze „Pseudoforschung“, 1874 hatte nämlich Otto von Bismarck das „Reichsimpfgesetz“ erlassen, wonach sich jedes Kind gegen „Pocken“ impfen lassen musste. Die „Nebenwirkungen“ waren drastisch und oftmals von den Symptomen der „Syphilis“*** nicht zu unterscheiden.

* Psychische und physische Widerstandskraft; die Befähigung schwierige Lebenssituationen ohne anhaltende Beeinträchtigung zu überstehen.

** Eine Redoxreaktion ist eine chemische Reaktion, bei der ein Reaktionspartner Elektronen auf einen anderen Reaktionspartner überträgt. Der als Reduktionsmittel bezeichnete Partner gibt Elektronen ab und wird dabei oxidiert (mit Sauerstoff „überschwemmt“). Der als Oxidationsmittel bezeichnete Partner nimmt Elektronen auf und wird dabei reduziert. Die Regulation bezeichnet den Ausgleich dieses Vorgangs.

*** Syphilis = Lues; gehört zu den sogenannten Infektionskrankheiten; es wird behauptet, dass ein Bakterium diese Krankheit auslöst und v.a. beim ungeschützten Geschlechtsverkehr übertragen wird; Symptome: schmerzlose Geschwüre an den Geschlechtsorganen, Lymphknotenschwellung, Organschäden, Entzündungen in Gehirn und Rückenmark. Einen Beweis, dass diese Krankheit über Bakterien verursacht wird, gibt es nicht. Genannte Symptome können mit dem Wissen um die Universalbiologie erklärt werden.

Nur nach enormem Druck durch die Öffentlichkeit „verzichtete" die Regierung 1885 auf diese Art des Impfens. Kein Wunder also, dass Emil von Behring als der „Retter der Kinder" in die offizielle Geschichte einging, da er daraus lernte und nun viel weniger und andere Konservierungsmittel und Adjuvantien* seinen Impfstoffen beigab und die „Kindersterblichkeit" drastisch zurückging.

1901 erhielt er für diese Betrugstat den ersten Nobelpreis und 1914 gründete er in Marburg die „Behring-Werke"; allen Müttern und besonders Eltern mit impfgeschädigten Kindern durch die Impfstoffe bestens bekannt.
Louis Pasteur nun, auf den sich alle beziehen, die behaupten, dass „Impfen" etwas mit Wissenschaft zu tun habe, hielt sich seinerzeit aus dem Deutsch-Englischen Streit um die „Cholera" weise heraus, musste nicht wie Robert Koch ob seiner fehlgeschlagenen Infektionsversuche viel Spott ertragen und wurde der lachende Dritte. Er behauptete mittels abstruser Tierversuche, dass „Hühner-Cholera-Bakterien" der geeignete „Impfstoff" gegen Cholera sei.

Zu Ehren Jenners, der ad hoc durch die Medien mystifiziert wurde, von dem nachgewiesen fälschlicherweise behauptet wird, dass er mit den „Kuhpocken-Viren" hantierte, nannte er es „Vakzinierung" (lateinisch: Vacca, die Kuh). Weiterhin wird behauptet, dass er einen „Impfstoff" gegen die „Tollwut" entwickelt hätte. Heute wird die Legende verbreitet, dass er damit dem jungen Elsässer Joseph Meister das Leben gerettet haben soll, den ein Hund gebissen hat, von dem behauptet wurde, dass dieser die Tollwut gehabt hätte. Und Joseph Meister sei nicht daran gestorben!

* Adjuvantien sind Hilfsstoffe, die in den Impfungen enthalten sind. Adjuvantien werden auch als Wirkverstärker oder Booster bezeichnet. Hilfsstoffe sind beispielsweise Antibiotika, Quecksilber, Aluminium, usw. Ohne die Hilfsstoffe hätte die Impfung keine Wirkung. Die Impffolgen werden durch die nebenwirkungsreichen Adjuvantien verursacht. Die neuen „Corona-Impfstoffe" sind mRNA-Impfstoffe. Sie greifen das erste Mal in der Geschichte des Impfens direkt in die Erbsubstanz, in das genetische Erbmaterial des Menschen ein und sind in der Lage das individuelle Erbgut zu verändern. Was bislang verboten war und unter kriminelle Genmanipulation fällt. Bei diesen neuen Impfstoffen sieht man die folgenschweren Nebenwirkungen demnach erstmal nicht. Aber auch diese neuen Impfstoffe enthalten Adjuvantien, die im besten Fall nur zu Hautrötungen, Schwellungen, Glieder-, Gelenk- und Kopfschmerzen, Durchfall etc. führen. Wir vermuten, dass die neuen Impfstoffe deshalb auch die Hilfsstoffe enthalten, weil die Menschen diese Nebenwirkungen von anderen Impfungen her kennen.

Allen Zeitgenossen Pasteurs, wie z.B. Béchamp, der „vergessene" Ethel Douglas Hume in seinem Buch aus dem Jahr 1923 „Pasteur exposed" (Pasteur entlarvt) und allen Wissenschaftlern, die sich später mit dem Impfen und Pasteur auseinander gesetzt haben, wie z.B. der Forscher R.B. Pearson in seiner Arbeit aus dem Jahre 1942 „The Dream and Lie of Louis Pasteur" (Der Traum und die Lüge des Louis Pasteur) war klar und sie belegten es, dass nichts, was Pasteur jemals behauptete und über das Impfen berichtet wird, den Tatsachen entspricht. Pasteur, ein skrupelloser Betrüger, wurde ganz gezielt von der Regierung Frankreichs eingesetzt, um deren Interessen zu vertreten. Zuerst bekämpfte er die Erkenntnisse, dass es Keime und Bakterien und keine Spontanerzeugung des Lebens gibt und dann verkaufte er all dies, inklusive des „Pasteurisierens" – das Sterilisieren durch Erhitzen – als seine Erkenntnis und betrog rücksichtslos beim „Impfen".

Im Jahr 1993 wird noch einmal, und zwar von sehr prominenter Stelle aus, benannt und belegt, dass alles, was Pasteur über seine Impfstoffe publiziert hatte, FREI ERFUNDEN war. Der Princeton Historiker Prof. Gerald G. Geison publizierte 1993 seine 25jährigen Recherchen über Pasteurs Laboraufzeichnungen und seine Tagebücher und verglich diese mit seinen „wissenschaftlichen" Publikationen. Das Buch ist betitelt, vornehm, wie es sich für die führende Eliteschule der USA gehört, mit: „The Private Science of Louis Pasteur" (Die Private Wissenschaft des Louis Pasteur) und ist bis heute leider nur in Englisch bei der „Princeton University Press" erschienen.

Die Süddeutsche Zeitung, als besonders fortschrittsgläubig bekannt, schreibt am 18.2.1993, frei nach Kohl, auf besonders hinterhältige Art und Weise: „Selbst ein Pasteur hat mehrfach „wissenschaftlichen Betrug" begangen, so verkündete jetzt der Historiker Gerald L. Geison von der amerikanischen Universität Princeton. Das konnte er feststellen, nachdem nun die privaten Notizbücher des berühmten französischen Forschers ausgewertet worden sind.

Besonders negative Versuchsergebnisse hatte Pasteur nur darin eingetragen, die veröffentlichten Daten dagegen „geschönt" und manchmal – gerade bei seinen spektakulären Impf-Experimenten – bewusst gelogen. Der geniale Forscher hat sich, zu seinem und der Menschheit Glück, mehr auf sein Gefühl als auf seine Messungen verlassen. Üblicherweise geht das allerdings in der Wissenschaft schief." Unverfrorener und hinterhältiger geht es nicht mehr! Soviel zu den „freien" Medien und zur „Wissenschaftlichkeit" des Impfens. Unglaublich aber leider wahr und blutiger Ernst.

Am Beispiel der Tuberkulose-Impfung sei exemplarisch dargestellt, was sich zu jeder Zeit, bei jeder Impfung in Wirklichkeit abgespielt hat und immer wieder abspielt.

Erhellendes zum „BCG" (Bacille Calmette-Guérin)- Impfstoff gegen Tuberkulose:
„Aus dem Pariser Pasteur-Institut kommt ein Bericht über uneingeschränkte Erfolge bei der Tuberkulose-Vorbeugung. Albert Calmette, Bakteriologe und ehemaliger Mitarbeiter von Louis Pasteur, hat mit dem von ihm entdeckten Lebend-Impfstoff BCG ein Jahr lang, vom 1. Juli 1924 bis zum 30. Juni 1925 über 2000 Säuglinge (sic!) geimpft, die aus besonders tuberkulosegefährdetem Milieu (sic!) kommen. Normalerweise (Lüge!) sterben aus dieser Risikogruppe 24 bis 32 Prozent der Säuglinge an der Krankheit. Unter den Geimpften ist dagegen keine einzige Tuberkuloseerkrankung festgestellt worden". So die „Harenberg Chronik des 20. Jahrhunderts", Seite 342.

Das Magazin „Gesundheit. Das Magazin aus Ihrer Apotheke" stellt in der Ausgabe vom Oktober 2000 fest:
„Die beiden französischen Ärzte Calmette und Camille Guérin entwickelten Anfang der zwanziger Jahre den bis heute einzigen Impfstoff gegen die Tuberkulose: BCG. BCG ist ein nicht krank machender, naher Verwandter des Tuberkulose-Erregers „Mycobacterium tuberculosis". Nun zu den Fakten:

Die WHO beendet 1971 einen siebeneinhalbjährigen Feldversuch mit dem BCG-Impfstoff in der Provinz Madras in Indien. Die Ergebnisse dieser Versuche werden erst acht Jahre später, 1979 – absolut frisiert, also geschönt und „verbessert" – publiziert. Im „Indian Journal of Medical Research" (indisches Journal der Medizinischen Forschung) und im „Bulletin der WHO" (Bulletin of the World Health Organisation, 57(5):819-827, 1979). Die Aussagen daraus zitiert:

1. Die eigentliche Schutzwirkung der Impfung bleibt deshalb fraglich.
2. Es ist absolut klar, dass die BCG-Impfung keinerlei Effekt hatte.
3. Die Resultate des Versuches zeigen, dass die Impfung keinerlei Schutz in den ersten siebeneinhalb Jahren nach der Impfung ergab.
4. Die BCG-Impfung ist bereits seit über 50 Jahren (sic!) umstritten.
5. Ein Treffen von Direktoren der Qualitätskontrolle verschiedener Labore vom Februar 1978 in Kopenhagen bestätigte, dass die im Versuch benützten Impfstoffe alle von guter Qualität gewesen seien (sic!).
6. In einer Studie in Puerto Rico, wo Impfstoff und Placebo in einer hohen Dosis verabreicht wurden, stellte sich heraus, dass sich die gleiche niedrige Schutzrate (31%) ergab. (sic!).
7. Zusammengefasst kann gesagt werden, die gegenwärtige Studie hat gezeigt, dass die BCG-Impfung keinerlei Schutz gegen die Bazillenkrankheit verleiht.

Es dauerte weitere vier Jahre, bis ein erster Bericht darüber, vom damaligen Direktor des „Robert-Koch-Instituts" des Bundesgesundheitsamtes in Berlin, Prof. Dr. med. W. Brehmer 1983 erschien (Bundesgesundheitsblatt 26, Nr. 5, 5. Mai 1983, S. 145): „Der in Deutschland verwendete Impfstamm (Copenhagen 1331) erwies sich in einer großen placebokontrollierten Studie der WHO als unwirksam".

1987 schrieb Dr. med. Klaus Harmann, der sich hernach vom Paul-Ehrlich-Institut" in Langen bei Frankfurt – in der Verantwortung der Bundesregierung, zuständig für die Zulassung von „Sera und Impfstoffen" – beschäftigen ließ, in seiner Doktorarbeit „Erfassung und Bewertung unerwünschter Arzneimittelwirkungen nach Anwendung von Impfstoffen. Diskussion der Spontanerfassungsdaten des Paul-Ehrlich-Institutes 1987-1995":

„Nach alleiniger BCG-Impfung wurden dem Paul-Ehrlich-Institut in dieser Zeitspanne 197 UAW*-Verdachtsfallberichte gemeldet".

* Unerwünschte Arzneimittel Wirkungen.

Er schreibt auf Seite 16: „Schätzungsweise nur 5% der tatsächlich stattfindenden Ereignisse (sic!) wurden gemeldet und erfasst". Unter „tatsächlich stattfindenden Ereignissen", so der Insider-Jargon, versteht der „Spezialist" schwerste Impfschäden - Behinderung und Tod. Sie werden nur dann „erfasst", wenn diejenigen von den wenigen Eltern, die es überhaupt wagten, gerichtlich einen „Impfschadensersatz" einzuklagen, der im Schnitte 15 Jahre dauert und die meisten nervlich und finanziell überfordert, auch tatsächlich gerichtlich ihren „Impfschaden" anerkannt bekommen haben.

1998, also 27 Jahre nach der WHO-Studie bequemte sich die „STIKO", die ständige Impfkommission am RKI, ihre „Impfempfehlung" zurückzunehmen. Die Verantwortung tragen, so das RKI ja die Eltern, da sie die Zustimmung zur Impfung geben, nachdem sie von den Ärzten „umfassend" aufgeklärt wurden:
„In Anbetracht der epidemiologischen Situation in Deutschland, der nicht sicher belegbaren Wirksamkeit der BCG-Impfung und der nicht seltenen schwerwiegenden unerwünschten Arzneimittelwirkungen des BCG-Impfstoffs kann es die STIKO* nicht mehr vertreten, diese Impfung zu empfehlen".

Publiziert im „Der Kinderarzt", 29. Jahrgang (1998) Nr. 9: „Haben Ihnen die Kinderärzte dies, ihrer „Aufklärungspflicht" entsprechend mitgeteilt? Und die Medien? Der „Transmissionsriemen" zwischen Politik und Bürgern, die den Anspruch haben, die „Wachhunde des Rechtsstaates" zu sein? So ist denn auch nicht verwunderlich, dass uns verschwiegen wird, was sich 1930 in Lübeck ereignete: 250 Kinder wurden zwangsweise geimpft, ihnen wurde der BCG-Impfstoff „verabreicht". Mehr als ein Viertel der Kinder starb sofort an den Vergiftungserscheinungen, fast keines blieb ohne Behinderung".

Nach dem zweiten Weltkrieg, als allen Insidern bekannt wurde, dass es sogar den „Nazis" in den KZ nicht gelungen war, „Erreger" zu übertragen und die Versuchsteilnehmer konventionell getötet werden „mussten", trat für kurze Zeit etwas Ernüchterung ein. Man hatte offensichtlich genug vom Kampf und das „Krieg-Paradigma" geriet für kurze Zeit in Vergessenheit. Man besann sich der „Antikontagionisten" und der „Lokalisten".

* Ständige Impfkommission.

Prof. Ludwig Fleck konnte über seine Erfahrungen als gefangener „Wissenschaftler" im „Forschungszentrum" des KZ Buchenwald berichten und der berühmte Begründer der medizinischen Immunologie und spätere Nobelpreisträger von 1960, F.M. Burnet, äußerte im Flaggschiff der Amerikanischen Forschung, dem „Scientific American" (in Deutsch: Spektrum der Wissenschaft) in der Ausgabe vom Mai 1951 folgendes:
„Wenn man sich in der medizinischen Szene in Nordamerika und Australien umschaut, liegt die wichtigste derzeitige Veränderung in der schnell verschwindenden Bedeutung von infektiösen* Krankheiten. Die Fieberhospitale verschwinden oder werden zu anderen Zwecken umgewandelt. Wie ich es sehe, liegt das Hauptinteresse an Viren für die Biologie darin, dass versucht wird, sie für Studien zu benützen, um die Struktur und die Funktion von Zellen zu studieren".

Dass keine Beweise für „infektiöse Viren" vorhanden waren, hatte sich in der Wissenschafts-Szene schnell herumgesprochen und das Elektronenmikroskop, 1931 erfunden, stand nun bald schon für alle Forscher zur Verfügung. Und darin konnte man „Viren" der Bakterien, „Phagen**" genannt und einige Pflanzen-„Viren" sehen. Aber keine „Viren", die gefährlich sein sollten, angeblich übertragen werden können und gegen die geimpft wurde und wird!

Das passte aber der Amerikanischen Seuchenbehörde, der „Centers für Disease Control" – CDC –, einer militärischen Einrichtung, in der alle in Uniformen herumlaufen, ganz und gar nicht. Hatte die amerikanische Regierung doch gewisse Pläne, die, aus der Sicht der Geschichte, nachvollziehbar ist. Nämlich „Angst vor Seuchen" gezielt als politisches Instrument einzusetzen. Mittels Angsterzeugung Wahnsinnige wie z.B. Hitler, Stalin, deren Völker und Verbündete in Schach zu halten, wie z.B. mit den Atombombenabwürfen auf Erholungsgebiete in Japan.

* Laut RKI: Mit Krankheitserregern („Eintritt und Vermehrung eines Agens") behaftet, verseucht und daher ansteckend. Infektiös bedeutet, dass eine Übertragung/Ansteckung funktioniert. Dem ist aber nicht so. Es gibt keine Beweise dafür, dass eine Erkrankung auf einen anderen Organismus übertragen werden kann.

** Siehe auch S. 103; an dieser Stelle wird erklärt was Phagen sind.

Und so ging es ab Juli 1951 besonders heftig los und das alte Kriegsbeil des „Kampf-Paradigmas" für die Medizin wurde mittels beispielloser Medien- und Impfkampagnen zum weltweiten Dogma. Unbegrenzte Geldmittel wurden freigesetzt und der „EIS", der Epidemiologische Intelligenz-Service, die CIA der Medizin wurde gegründet. Von eben jenem Arzt, der größtes Interesse daran hatte, den Mythos der infektiösen „Polio" aufrecht zu erhalten, mit der man die Impfschäden der vorangegangenen Impfkampagnen weg-diskutieren konnte: Dr. Alexander Langmuir (1910-1993).
Aus dieser Kaderschmiede, durch die alle „Spezialisten" gegangen sind, inklusive der zuständigen Journalisten – man überlässt heute nichts mehr dem Zufall – stammt auch das Konzept der „Retroviren*", mit denen nach dem Sieg über „Polio", der „Krieg gegen den Krebs" begründet wurde. Als dieser 1975 beendet werden musste, wurde er durch die „Schweinepest" ersetzt. Und als diese zurückgenommen werden musste und daraus die „Legionärskrankheit" wurde, musste, als nun partout kein Virus herbeigezaubert werden konnte, ein armes Bakterium als Erklärung herhalten. Danach verrannte sich die US-Regierung durch Eigenmechanismen in die bis heute anhaltende „AIDS"-Politik, die ursprünglich nur als „GRID" **, als „Immunschwäche" für homosexuelle Männer geplant war.

Mit „AIDS" etablierte sich ein effektiver und bis heute anhaltender Angstmechanismus, der Sexualität und Tod direkt miteinander verbindet. Nach anfänglichen Anlaufschwierigkeiten durch den gesellschaftlich entstandenen Zwang zur Umbenennung von „GRID" in „AIDS für alle", was durch den damals größten jemals getätigten Kapitaleinsatz in der Geschichte der Menschheit ermöglicht wurde, wurden zum ersten Mal in der bekannten Geschichte der Menschheit zwei global wirksame Dogmen errichtet: „Sexualität kann tödlich sein" und „Viren stellen eine ständige globale Bedrohung dar".

Die Etablierung des globalen Glaubens an angeblich tödliche Viren durch HIV und AIDS war und ist die Basis, auf der sich die Corona-Hysterie aufbauen konnte.

* Werden von den Virologen als „behüllte" Viren beschrieben.

** Gay Related Immune Deficiency; eine anfängliche Bezeichnung für AIDS.

Die durch HIV/AIDS sprunghaft angestiegenen und in Folge ständig steigender Ausgaben für „Test-Verfahren", „Medikamente" und „Impfstoffe", die auf die Bürger abgewälzt werden, sind eine wesentliche Ursache für die ständig zunehmende Verarmung der Bevölkerung. Diese ständig steigenden enormen Geldsummen werden dem „normalen" Wirtschaftsleben entzogen. Sie fehlen, weil sie nur bei ganz wenigen Menschen landen, die unverdienterweise immer reicher werden und diese Gelder, das „Blut der Wirtschaft", nicht wieder in den Kreislauf geben, sondern zum Machtmissbrauch akkumulieren.
Weil die Bürger ihre Volksvertreter nur wählten, aber nie kontrollierten, machen absehbar einige wenige die Gesetze (= Lobbyismus) und unser Staat ist in Folge, wie jetzt bei Corona ganz deutlich geworden ist, zum lächerlichen Nachtwächterstaat degeneriert. Geistesschwache Größenwahnsinnige in der Landes- und Bundes-Politik steigern die Angst der Virologen, um sich damit selbst Bedeutung zuzusprechen und ihren Einfluss und ihre Macht zu vergrößern.
Die Corona-Krise ist letztendlich die Folge der konkreten Entwicklungen in unserer Geschichte, die zu den Fehldeutungen der heutigen Biologie und Medizin und zu den dramatischen Fehlannahmen der Infektions-, Immun-, Gen- und Krebs-Theorien führten. Die Lösung aus diesem Schlamassel bietet nur das Recht und das Gesetz, das von Bürgern in Anspruch genommen wird und das „Wirksam-Machen" der Beweise für die Widerlegungen der Behauptungen über „Infektionen" und „Seuchen" und dass Impfungen eben keinen Sinn haben können (Siehe hierzu auch: Quelle: Anhang: 81).

Die Kenntnisnahme der Impfgeschichte und Haltlosigkeit der Infektionstheorie verdeutlicht Ihnen, wie und aufgrund welcher Ideen diese Hypothesen aus dem materialistischen Gedankengut entstanden sind. Wir haben aufgrund dieses bestehenden Wissens die Chance Wesentliches, nicht nur über die „Biologie", zu lernen. Mit diesem Wissen ist es möglich, die Corona-Krise zu überwinden und als Chance für alle zu nutzen. Für einen zivilisatorischen dringend notwendigen Entwicklungsschritt in Richtung einer achtsamen Ganzheitlichkeit, um die biologischen Zusammenhänge der Existenz wieder in unser Leben und in das Leben aller Geschöpfte zu integrieren. Nur damit kann man den lange ersehnten Entwicklungssprung der Menschheit für nachhaltigen Frieden und die Solidarität aller Menschen als eine Familie auf einem Planeten realisieren.

„Wer aus der Geschichte nichts lernt, ist dazu verdammt, sie zu wiederholen"
George Santayana (1863-1952; US-amerikanischer Philosoph spanischer Herkunft)

Die spanische Grippe*

Am liebsten wird ja auch die spanische Grippe, (im Winter 1918/19, nach dem ersten Weltkrieg) von den Medien, mit der derzeitigen Corona-Situation verglichen. Wenn man nur die offiziellen Medien als Informationsquelle nutzt, können die Daten und Zahlen, die die Medien zur Spanischen Grippe, und häufig im Vergleich mit Corona verbreiten, jedem gehörig Angst machen. Was damals wirklich geschah, werden wir Ihnen in diesem Abschnitt darlegen – wir lassen auch eine Zeitzeugin zu Wort kommen. Vergleichen wir zunächst die Spanische Grippe mit Corona:

Im Winter 1918/19 sollen innerhalb von wenigen Monaten 20 bis 100 Millionen Menschen (die Zahlen variieren je nach Quelle; die Zahl der Toten kann durch keine einzige Aufzeichnung belegt werden), an einem sogenannten Virus verstorben sein, das aus einer Mutation heraus entstanden sein soll. Zumindest wird das heute von der „Wissenschaft" so angebracht. Damals wurde das noch nicht behauptet, man nahm ein „Grippe-Bakterium" an. Laut den Prophezeiungen seitens der Schulmedizin und der Presse soll sich auch das fiktive Corona-Virus durch Mutationen jederzeit zu einem anderen Killervirus entwickeln können, mit der Folge von Millionen Todesopfern. Die Spanische Grippe soll laut offizieller Presse in drei Krankheitswellen von Frühjahr 1918 bis 1920 weltweit über die Menschen hereingebrochen sein. Während der ersten Welle im Frühjahr 1918 erkrankten zwar sehr viele Menschen, doch die wenigsten starben. Im Spätsommer/Herbst trat jedoch eine schwerere „Welle" mit tödlichem Verlauf auf (Quelle: siehe Anhang 82).

* Um die, durch Labor- und Impfstoffe verursachte Krankheit, nicht als Vergiftungsfolge benennen zu müssen, reihte man die Krankheit in eine Grippe ein und nannte sie kurzerhand „Spanische Grippe". Heute werden solche schwerwiegenden Vergiftungsfolgen auch als Golf-Krieg-Syndrom bezeichnet.

Die meisten sind am „akuten Lungenversagen“ gestorben. Dabei starben ungewöhnlich viele robuste Menschen zwischen 20 und 40 Jahren. Die Haut der Erkrankten war oft dunkelblau verfärbt – das Zeichen einer Unterversorgung mit Sauerstoff. Aus diesem Grund haben sich viele zeitgenössische Ärzte an die Pest/Pocken erinnert gefühlt.

Die „zweite Corona-Welle“: Bill Gates und die Bundesregierung hatten eine zweite Corona-Welle angekündigt, die uns vermutlich im Spätsommer/Herbst/Winter 2020 oder Anfang nächsten Jahres (2021), oder mit Beginn der ersten Impfungen treffen soll (Quelle: Siehe Anhang 13). Doch was heißt eigentlich: Die nächste Welle? Gab es jemals in der Geschichte der Schulmedizin mitsamt ihrer virtuellen Vorstellung über Infektionen, die zusätzliche Behauptung, dass sich eine Grippe wiederholt? Waren es nicht die Schulmediziner mit ihrer Theorie, die Sie jedes Jahr darüber informiert haben, dass die behaupteten Grippeviren sich jährlich verändern und Sie sich deshalb jedes Jahr erneut impfen lassen müssen? Denkt man darüber nach, können die zweiten oder dritten Wellen doch nur künstlich herbeigeführt worden sein.

Während das imaginäre Corona-Virus von Wuhan aus gestartet sein soll, lässt sich in der Literatur kein Ursprungsort für die Spanische Grippe ausmachen. Im Gegenteil, die Spanische Grippe mit der „zweiten tödlichen Welle“ hatte, entgegen der behaupteten Richtlinien der Infektionstheorie, mehrere gleichzeitig genannte Ursprungsorte. Sie begann in Boston, in der Karibik, in Indien, in Südostasien und in Zentral- und Mittelamerika.

Normalerweise findet man über derartige Katastrophen ausreichend Informationsmaterial und Berichte. Doch bei der Spanischen Grippe findet man nur sehr spärliche Schriften oder Fotos aus der damaligen Zeit. Selbst das ärztliche Vereinsblatt befasste sich in dieser Ära kaum mit der „Grippewelle“, dort hieß es in einer Ausgabe Ende 1918 nur: „...für die Ärzte würden vielfache Aufgaben erwachsen. Der Gesundheitszustand des Volkes ist geschwächt; neben den furchtbaren Verlusten an Menschenleben und Manneskraft im Felde haben Entbehrungen, Unterernährung und die Folgen einer schweren Epidemie die Volkskraft zerrüttet“. Das ist mehr als ungewöhnlich, denn zu dieser Epoche, wurden doch angebliche, durch Bakterien ausgelöste Seuchen, von den Impfbefürwortern mehr als ausgedehnt in der Presse beschrieben. (Wir vermuten, dass es deshalb nur spärliche Informationen gibt, weil man tatsächlich mit der Pflege und Behandlung der Kranken beschäftigt war. Weil tatsächlich sehr, sehr viele Menschen krank waren. Aber auch weil die Ärzte wussten, wie diese furchtbare Krankheit zustande gekommen ist).

Die Wissenschaftsjournalistin Laura Spinney schreibt ihn ihrem Buch „1918 – Die Welt im Fieber“, dass die größte Vernichtungswelle der Menschheitsgeschichte einer Art kollektivem Vergessens anheimgefallen sei. Allein im Deutschen Reich sollen 426 000 Menschen der „Grippe“ innerhalb weniger Monate zum Opfer gefallen sein. Selbst heute würde unser Gesundheitssystem mit dieser Zahl an Kranken schlichtweg zusammenbrechen. Doch warum sollten wir diese Katastrophe vergessen? Und warum wird das Desaster mit sehr vielen Spekulationen und verfälschten Behauptungen zu Corona-Zeiten wieder aus dem Nähkästchen geholt?

Lassen wir an dieser Stelle eine Zeitzeugin zu Wort kommen:
Dr. phil. Eleanor McBean, Naturheilärztin, schreibt in ihrem Buch mit dem Titel: „Die verurteilte Schutzimpfung“ (1957, THE POISONED NEEDLE) folgende Zeilen: „Ich WAR EIN DIREKTER BEOBACHTER DER GRIPPEEPIDEMIE 1918. Alle Ärzte und Leute, die zu der Zeit der epidemischen „Spanischen“ Grippe 1918 lebten, sagen, dass es die schrecklichste Krankheit war, welche die Welt überhaupt heimgesucht hat. Starke Männer, gesund und munter den einen Tag, waren tot am folgenden Tage.

Die Krankheit hatte die Eigenschaften des schwarzen Todes (der Pest), der typhusartigen Diphtherie*, der Lungenentzündung, der Pocken und der Kinderlähmung in einem...und alle die Leute, die erkrankten und starben, waren mit (gegen?) diese Krankheiten direkt nach dem 1. Weltkrieg geimpft worden.

Praktisch war die Gesamtbevölkerung wie „übersät" mit einem Dutzend oder mehr Krankheiten. Es waren auch giftige Seren eingespritzt worden. Besonders tragisch war es, dass alle diese (vom Medizinalbetrieb verursachten?) Krankheiten auf einen Schlag ausbrachen.

Die angeschleppte Pandemie wurde für zwei Jahre lebendig gehalten durch zusätzliche Verabreichung giftiger Drogen (Anmerkung: „Dritte Welle"), die man für heilsame Medikamente hielt. Die Ärzte versuchten damit, die Symptome zu unterdrücken. Insoweit ich herausfinden konnte, traf die Grippe nur Geimpfte. Die, die das Einschießen von Impfseren („Schutzimpfung") abgelehnt hatten, entgingen der Grippe. Meine Familie hatte alle Schutzimpfungen abgelehnt, also blieben wir die ganze Zeit wohlauf. Wir wussten vom Gesundheitsunterricht von GRAHAM, von SPUR, von TILDEN und von anderen, dass man nicht den Körper mit Giften verschmutzen könne, ohne Krankheit zu verursachen. Als die „Grippe" auf ihrem Höhepunkt war, waren alle Speicher, Schulen, Geschäfte – sogar das Krankenhaus – geschlossen. Auch Ärzte und Pfleger waren geimpft worden und lagen danieder mit der „Grippe". Niemand war auf den Straßen. Es war wie eine Geisterstadt. Wir (die keine Impfstoffe genommen hatten), schienen die einzige Familie zu sein, die nicht die Grippe bekam. So gingen meine Eltern von Haus zu Haus, um sich um die Kranken zu kümmern, da es unmöglich war, einen Arzt zu holen.

* Eine „typhusartige Diphtherie" beschreibt einen Symptomenkomplex, der durch Abgeschlagenheit, Müdigkeit, Übelkeit, Schluck- und Bauchschmerzen, Fieber, Durchfall, Husten, Heiserkeit, Stimmlosigkeit, usw. gekennzeichnet sein soll. Schlussendlich stellt dieser Symptomenkomplex ein heilloses Durcheinander von Symptomen dar und meistens muss ein behauptetes Virus als scheinbares Erklärungsmodell herhalten, damit eine „Ursache" benannt werden kann. Dass eine Vergiftung (Impfung) diese Symptome auslösen kann, lehnt die Schulmedizin kategorisch ab. Auch wenn die Tatsachen noch so offen vorliegen. Denn, wenn die jetzige Medizin Impfungen für Krankheitsauslöser bestätigen würde, müsste sie ja zugeben, dass Milliarden von Menschen geschädigt worden sind.

Wenn es möglich wäre, dass Mikroben, Bakterien, Viren oder Bazillen Krankheit verursachten, hätten sie viel Gelegenheit gehabt, meine Eltern anzugreifen, da diese viele Stunden pro Tag in den Räumen Kranker verbrachten.
Aber sie bekamen nicht die Grippe und sie brachten auch keine Mikroben nach Hause, die uns Kinder angegriffen hätten. Keiner unserer Familie hatte die Grippe – nicht ein Schnüffeln oder Keuchen – und es war Winter mit tiefem Schnee überall. Es ist gesagt worden, dass die Grippeepidemie 1918 über 20 Millionen Leute weltweit tötete. Aber unsere Beobachtungen zeigten: Es waren die Ärzte, die sie in Wirklichkeit töteten mit ihren groben und tödlichen Behandlungen und ihren giftigen Medikamenten. Dies ist eine raue Anklage, aber durch den Erfolg anderer Ärzte, die auf chemische Medikamente verzichteten, überzeugend erhärtet und somit zutreffend beurteilt. Während die medikamentöse Medizin und die medikamentös („allopathisch“) behandelnden Krankenhäuser 33% ihrer Grippefälle verloren, erzielten die nicht-medikamentös behandelnden Krankenhäuser wie BATTLECREEK, KELLOGG- und MACFADDEN`S Gesundheits-Sanatorium Heilung zu fast 100 %, und zwar mit ihren Wasseranwendungen, Bädern, Einläufen usw., mit Fastenkuren und anderen einfachen heilenden Verfahren, an die sich sorgfältig ausgearbeitete Diätpläne mit naturgemäßen Lebensmitteln anschlossen. Ein Naturheilarzt („drugless doctor“) verlor nicht einen Patienten in acht Jahren...
Wenn die üblichen Ärzte so fortgeschritten wie die Naturheilärzte gewesen wären, hätte es nicht jene 20 Millionen Todesfälle im Gefolge der medizinischen Grippebehandlung gegeben. Es gab siebenmal mehr Krankheiten unter den geimpften Soldaten als unter den ungeimpften Zivilisten, und die Krankheiten waren genau die, gegen die sie geimpft worden waren. Ein Soldat, der von Übersee 1912 heimgekommen war, erklärte mir, dass die Armeekrankenhäuser mit Fällen von Kinderlähmung überfüllt waren, und er wunderte sich, warum ausgewachsene Männer eine Säuglingskrankheit haben sollten. Jetzt wissen wir, dass Kinderlähmung eine allgemeine Nachwirkung von Impfstoff-Vergiftungen ist. Die zu Hause bekamen keine Kinderlähmung bis nach der weltweiten Schutzimpfungskampagne 1918“.

Dr. McBean fasst auch zusammen, dass der amerikanischen Bevölkerung alle möglichen Restbestände an Impfstoffen angeboten worden sind, mit der Erklä-

rung, dass die Soldaten infiziert nach Hause kämen. So wurde die amerikanische Bevölkerung mit allen verfügbaren Impfungen geimpft bzw. vergiftet. Die Menschen glaubten den Medizinern, umso mehr als die Soldaten tatsächlich krank nach Hause kamen. Was die Menschen nicht wussten war, dass die Soldaten an medizinisch verursachten Impffolge-Krankheiten litten, die man dann Konglomerat-Krankheit nannte. Selbst die Ärzte waren sprachlos über die verheerende Krankheit, die sie unter den Soldaten geschaffen hatten. Symptome von hohem Fieber, extremer Schwäche, Lungenüberblähungen, Erstickungsanfälle und Erstickungen mit Todesfolge sowie die für Typhus typischen Darmstörungen traten auf. Die Menschen bekamen schwere Sauerstoffmangel-Syndrome, das Blut färbte sich schwarz...
Das alles sind „klassische" Vergiftungszeichen!

Natürlich war in dieser Zeit der Gesundheitszustand der Bevölkerung durch den Krieg zusätzlich durch Unterernährung, Verlusten an Familienmitgliedern, schlechte Wohnverhältnisse durch Zerstörung der Häuser usw. extrem geschwächt. Dennoch treten oben genannte Symptome nicht durch Hunger oder psychische Belastungen auf, sondern nur durch Vergiftungen. Außerdem sind die meisten Menschen innerhalb von wenigen Monaten gestorben – Auch das ist ein Hinweis für eine Vergiftung.

Wenn man an Vergiftungen leidenden Kranken noch zusätzliche toxische Substanzen verabreicht (z.B. Quecksilber, Aluminium) wird klar, dass das nicht überlebbar ist.

Hingegen stellt eine Behandlung mit Naturheilverfahren sozusagen wieder den „Kontrollversuch" her, dass es sich um Vergiftungen gehandelt haben muss: Dr. Max Bircher-Benner (1897-1939) hat in seiner Züricher Privatklinik alle seine „militärischen Grippepatienten", die als besonders gefährdet galten, ausnahmslos wieder hergestellt.

Im Laufe der Jahre wurden die als Hilfsstoffe deklarierten Zusatzstoffe in den Impfungen, in ihrer Menge (nicht in der Anzahl) reduziert und sozusagen „verfeinert". Heutzutage sehen wir meist nur noch in Afrika schwere Vergiftungen, die sich in Form beispielsweise eines hämorrhagischen Fiebers* zeigen. Es Bedarf selbstverständlich weiterer gründlicher Studien damit herausgearbeitet werden kann, wie hoch die Schäden aufgrund von Impfungen in der heutigen Zeit ausgemacht werden können.

* Mit dem Wissen der Schulmedizin wird das hämorrhagische Fieber zu einer Gruppe von Fiebererkrankungen gezählt, bei denen häufig Blutungen auftreten. Ursächlich sollen hierfür bestimmte RNA-Viren sein. Gesichtet und isoliert wurde jedoch noch kein einziges. Dennoch hält sich der schulmedizinische Glaube hartnäckig und es wird behauptet, dass Ebola-, Marburg-, Dengue-, Gelbfieber, Hanta-Fieber, Lassa-Fieber, Rift-Valley-Fieber, Krim-Kongo-Fieber, usw. zu den von Viren verursachten hämorrhagischen Fiebern gehören. Da man RNA-Schnipsel überall im Organismus sichten kann, sind der Vielfalt der Ideen keine Grenzen gesetzt. Die auftretenden Symptome ähneln einer Vergiftung. Zu dem Symptomenkomplex gehören: Hohes Fieber, Nieren- und Leberfunktionsstörungen mit Ödemen, innere Blutungen ins Gewebe, die sich als blaue Flecken zeigen können, Stuhl und Urin sind oft blutig, Lähmungen, Krämpfe und neurologische Schäden. Im Verlauf kann es zum Kreislaufzusammenbruch und Schock kommen.

Die misslungenen Ansteckungsversuche

Da man an Ansteckung zu Zeiten der „Spanische Grippe“ schon glaubte, unternahm man Versuche, um diese rätselhafte Krankheit besser einschätzen zu können. Es fand dazu ein Ansteckungsversuch mit „Freiwilligen“ im November 1918 in Boston/USA statt: 62 gesunde Matrosen, die wegen Vergehen im Gefängnis saßen, wurde ihre Begnadigung versprochen, wenn sie sich zu diesem Experiment zur Verfügung stellten. 39 von ihnen hatten noch keine Grippe gehabt und waren deshalb, wie man vermutete, besonders empfänglich. „Die Marineärzte sammelten das zähflüssige Sekret aus den Nasen und Rachen todkranker Männer und sprühten es einigen Testpersonen in deren Nasen und Rachen, anderen in die Augen. Bei einem Experiment schabten sie den Schleim von der Nasenscheidewand eines Patienten und rieben ihn dann direkt an die Nasenscheidewand einer Testperson. (...) In dem Versuch, die Vorgänge zu simulieren, die normalerweise ablaufen, wenn Menschen sich mit Grippe anstecken, nahmen die Ärzte zehn der Testpersonen mit ins Lazarett, um sie grippekranken Soldaten auszusetzen. Die Kranken lagen eingerollt und mit fieber-heißen Gesichtern auf ihren schmalen Betten und glitten abwechselnd vom Schlaf ins Delirium. Die zehn gesunden Männer erhielten die Anweisung, sich jeweils einem Patienten zu nähern, sich über ihn zu beugen, seinen übelriechenden Atem einzuatmen und fünf Minuten lang mit ihm zu plaudern. Um sicherzugehen, dass der Gesunde der Krankheit auch vollständig ausgesetzt war, musste der Kranke kräftig ausatmen, wobei der Gesunde den Atem des Kranken inhalierte. Schließlich musste der Grippekranke dem Freiwilligen noch fünf Minuten lang ins Gesicht husten. Jede gesunde Testperson vollzog diese Prozedur bei 10 verschiedenen Grippepatienten, deren Krankheitsbeginn nicht länger zurückliegen durfte als 3 Tage. So wollte man gewährleisten, dass das Virus, oder was immer die Grippe verursacht hatte, sich noch im Sekret aus Nase oder Lunge befand. Aber kein einziger gesunder Mann wurde krank.“ (Quelle: Siehe Anhang 83).

Zusammenfassendes Fazit

Bis zum 16. Jahrhundert prägte die Kirche als Institution die Lehren in der Religion, in der Naturwissenschaft und im Kosmos. Sie bestimmte, was in Bezug auf Gott, die Natur und den Kosmos von den Menschen geglaubt werden sollte. Wer sich nicht an die von der Kirche vorgeschriebenen Dogmen hielt oder diese auch nur anzweifelte, lief Gefahr, ausgesetzt (Anmerkung: Noch heute, das Krankheitsbild „Aussatz"/Lepra), verstoßen oder gefoltert zu werden. Dieses Paradigma geriet erst mit den Erkenntnissen von Kopernikus (15. Jahrhundert) und im 16./17. Jahrhundert durch Galileo Galilei und Johannes Kepler ins Wanken und wurde schließlich, nach langen Kämpfen von der Kirche mit Verfolgung, Folter und Tod, im 18. Jahrhundert (Heliozentrisches Weltbild) anerkannt. Galileo ließ ein Jahrzehnt lang seine Entdeckung ruhen. Nachdem sein Freund zum Papst gekürt worden war und er der Ketzerei beschuldigt wurde, kam er für den Rest seines Lebens in „Hausarrest". Das neue Weltbild wurde Jahrzehnte später, nicht zuletzt mit dem Nachbau eines Teleskops, anerkannt. (Anmerkung: Demnach dauerte es fast 300 Jahre bis das geozentrische durch das heliozentrische Weltbild abgelöst wurde).

Parallel dazu wurde im 17. Jahrhundert das Lichtmikroskop entwickelt. Zum ersten Mal war es möglich, Mikroben, Bakterien und Pilze sichtbar zu machen und durch Experimente deren Fähigkeiten und Aufgaben zu ergründen und zu erforschen – Wissenschaft zu betreiben - Wissen zu schaffen. Das Lichtmikroskop beflügelte ganz entscheidend die Einsichten ins Leben und so wurden von verschiedenen Forschern die komplexen, biologischen Zusammenhänge erkannt. Aufgrund dessen gab es jedoch eine Trennung von Geist und Materie: Die Kirche bestimmte die Dogmen auf das Geistige, und die Naturwissenschaft bestimmte die Dogmen auf das Materielle.

Gemäß den Vorgaben der Naturwissenschaft konnte nichts mehr mit einem geistigen, seelischen oder emotionalen Aspekt wissenschaftlich sein. Auf dieser Grundlage entwickelte sich ein Glaubenssystem, mit dem wir noch heute konfrontiert sind: Krankheiten entstehen in Form von Krankheitsgiften (lat. Virus) durch materielle Defekte von innen oder müssen von außen kommen und man muss sie mit allen möglichen Mitteln bekämpfen. Diese Sichtweise wurde durch die unwissenschaftliche und bis heute wirksame Behauptung von Rudolf Virchow zementiert, der 1858 behauptete, dass alles Leben und alle Krankheiten aus jeweils einer Zelle hervorgehen würden. Basierend auf dieser Theorie, haben Robert Koch und Louis Pasteur die Infektionstheorie installiert, die wunderbar in dieses materialistische Weltbild passte und auch der Kirche gelegen kam: Erreger, von außen oder innen kommend (oder von Gott geschickt) lösen Krankheiten aus.

Mit dem Kriegsgedanken, der sich im 1. und 2. Weltkrieg zwischen den Völkern abspielte, wurde mit diesem Weltbild der Krieg auf jeden einzelnen Menschen übertragen, da diese bösen Krankheitserreger auf jeden Menschen springen sollen.

Behauptete Viren* (Virus = lateinisch Krankheitsgift) wurden und werden bekämpft und mit hochkarätigen Giften (Impfungen, Virostatika, Immunsuppressiva, usw.) „behandelt".

Tumore werden mit einer tödlichen Strahlung zerstört. Die Sternzeichendiagnose Krebs, von der die Schulmedizin behauptet, sie käme ebenfalls von außen, wird noch heute mit einem Senfgas-Derivat aus dem 1. Weltkrieg vernichtet. Dabei geht der gesamte Organismus meistens innerhalb von 5 Jahren zugrunde. Der Kampf gegen Krebs, gegen behauptete Killerviren, gegen Krankheit wird das vorherrschende Paradigma. Parallel wird der Schulmedizin das Hoheitsrecht für die Behandlung und die Kostenübernahme zugesprochen.

Trotz aller Versuche und Unmengen an Geldern kann die Forschung bis zum heutigen Tag die Infektionstheorie mit krankmachenden, also von außen kommenden angenommenen „Viren", Bakterien oder Pilzen, nicht beweisen. Natürlich kann es unter diesen Umständen auch keinen Nachweis unter Erfüllung wissenschaftlicher Kriterien, wie z.B. der Henle - Koch´schen Postulate** geben.

* Sogenannte Viren sind seit dem Ideen-Wechsel im Jahr 1954 nichts anderes als gedankliche Anhäufungen von Nukleinsäuren.

** Die Postulate beinhalten die Vorgaben, die ein Wissenschaftler erfüllen muss, um einen Erreger z.B. als ansteckend zu bezeichnen. Die Postulate gehen auf den Anatom und Pathologen Jakob Henle zurück. Robert Koch formulierte sie später teilweise um und nannte sie nur die Koch´schen Postulate. Heute werden sie wieder als Henle-Koch´sche Postulate bezeichnet. Die vier Postulate lauten wie folgt: 1. Der behauptete krankmachende Erreger (das Virus; lat. Krankheitsgift) muss in einem erkrankten Organismus nachweisbar sein. 2. Der Erreger muss isoliert werden und sich in Reinform züchten (vermehren) lassen. 3. Der nun nachgezüchtete und im Labor vermehrte Erreger in Reinform muss in einem gesunden Organismus exakt die Krankheitssymptome verursachen, wie die, die bei dem erkrankten Individuum zuvor beobachtet wurden. 4. Der Erreger ist nur dann nachgewiesen und als Erreger klassifiziert, wenn er in dem damit neu-infizierten Individuum erneut und gemäß dem 1. Postulat nachgewiesen wurde. Beide Erreger müssen identisch sein.

Auf der anderen Seite konnte seit über 30 Jahren mittels bildgebender Verfahren (CCT) bewiesen werden, dass durch die Aktivierung von biologischen Konflikten, es auf der seelischen (psychischen) Ebene, zu Veränderungen an verschiedenen Organen (= Krankheit) kommt. Außerdem konnte bewiesen werden, dass eine Auflösung der biologischen Konflikte eine Wiederherstellung einleitet, die nach Abschluss zur Gesundung führt. Aufgrund dieser Erkenntnisse, wurde das, was die Schulmedizin als „Krankheit" bezeichnet, verstehbar. Mit diesem Wissen können wir die Ursachen der „Krankheiten" erkennen und demnach eine ganzheitliche Behandlung anwenden, die nicht nur symptomorientiert ausgerichtet ist. Denn nur, wenn man die Ursache einer Erkrankung kennt, kann man auch ursächlich behandeln! Da diese Erkenntnisse eine weiträumige universelle Bedeutung haben – sie umfassen die Tier-, Menschen- und Pflanzenwelt und den Kosmos - gewinnt die Bezeichnung UNIVERSALBIOLOGIE ihre Berechtigung.

Wir wissen mit diesen Erkenntnissen nicht „nur" warum ein Organismus krank wird, sondern auch woher die Erkrankung kommt. Ganz sicherlich nicht durch Nukleinsäuren („Viren") oder Bakterien.
Wir besitzen mit der Universalbiologie demnach eine Diagnosemethode, die wissenschaftlich überprüft wurde und nachweislich richtig ist, woraus sich wiederum die individuelle Therapie ergibt und ein ganzheitliches Verstehen beinhaltet.
Wie gesagt, sind diese Kenntnisse schon seit langem bekannt. Am Ende des Buches finden Sie ein anschauliches Beispiel, damit Sie die biologischen Zusammenhänge verstehen können.

Warum sollte man an den Behauptungen zu Viren zweifeln? Was sind Viren, und was sind sie nicht? Wie werden Viren nachgewiesen?

Viren entwirren

Das „Masern-Virus" als Beispiel

von Stefan Lanka

Wissenschaftler müssen zweifeln. Sie müssen sogar alles anzweifeln. Besonders das, was sie lieb haben, nämlich ihre eigenen Entdeckungen und Vorstellungen. Diese Grundregel wissenschaftlichen Arbeitens dient dem Zweck, Fehlentwicklungen zu vermeiden und bestehende aufzudecken. Auch darf jeder zweifeln dürfen, sonst würde ja eine Diktatur herrschen. Zudem ist Wissenschaft nicht auf einige Institutionen und Spezialisten beschränkt. Wissenschaft kann und darf jeder betreiben, der über das notwendige Wissen und die angemessenen Methoden verfügt. Wissenschaft ist nur dann Wissenschaft, wenn die Aussagen überprüfbar und nachvollziehbar sind und Vorhersagen erlauben. Wissenschaft bedarf der Kontrolle von außen da, wie wir sehen werden, sich ein Teil der medizinischen Wissenschaften unbemerkt schon lange von der Realität entfernt hat. Wer die Biologie kennt, die Entstehung des Lebens, Aufbau und Funktion der Gewebe, des Körpers und des Gehirns, wird automatisch die Behauptungen zu Viren anzweifeln. In der Realität des Körpers und seiner Mechanismen ist kein Platz für die Annahme einer bösartigen Wirkung. Alle Vorgänge, die ablaufen, auch die, die in Krankheiten, Leiden, Schmerzen und Tod münden können, sind vom Ursprung her gesehen sinnvoll. Auch eine andere Herangehensweise an das Phänomen Virus ist möglich und nötig: Wenn man wissenschaftliche Publikationen zu krankmachenden Viren liest, erkennt jeder Laie mit etwas Hintergrundwissen, dass darin kein Virus auftaucht, sondern typische Bestandteile und Eigenschaften von Geweben. Dieses Hintergrundwissen soll in diesem Kapitel vermittelt werden.

Die Ursprünge der Idee

Die heutige Idee des Virus basiert auf uralten Ideen, dass alle Krankheiten durch Gifte hervorgerufen werden und der Mensch durch die Bildung von Gegengiften wieder gesund würde. Richtig daran ist, dass einige wenige Krankheiten durch Gifte hervorgerufen werden. Die weitere Idee, dass der Körper durch die Bildung oder Gabe von Gegengiften wieder gesund wird, wurde daraus geschlussfolgert, dass durch langsam zunehmende Mengen von Giften z.B.

Alkohol, der dadurch trainierte Körper in der Lage ist, auch größere Mengen an Giften zu überleben. Falsch daran ist, dass keine Gegengifte gebildet werden, sondern Enzyme, die die Gifte abbauen und neutralisieren. Durch Rudolf Virchow, den Begründer der modernen Medizin, wurde im Jahr 1858 Wissen plagiiert, wesentliches Wissen unterdrückt und eine falsche Sicht auf die Ursachen von Krankheiten zum bis heute wirksamen Dogma erhoben. Alle Krankheiten sollen in den Zellen entstehen (Quelle: siehe Anhang 84). Virchow führte mit seiner Zellularpathologie die zu seiner Zeit widerlegte, antike Theorie der Säftelehre wieder in die Medizin ein und behauptete, dass Krankheiten durch Krankheitsgifte, auf lateinisch Virus, entstehen.

Auf der Suche nach den Krankheitsgiften, die bis heute erfolglos blieb, vermutete man mit der Entdeckung und Untersuchung von Bakterien, dass diese die Produzenten der Krankheitsgifte seien. Diese Vermutung, genannt Infektionstheorie, war sofort und bis heute sehr erfolgreich. So erfolgreich, dass in der Bevölkerung die Erkenntnisse nicht bekannt werden, dass die sog. bakteriellen Gifte in Wirklichkeit normale Enzyme sind, die in einem Menschen entweder gar nicht entstehen können und falls doch, nie in einer Menge, dass diese gefährlich werden könnten. Dann entdeckte man, dass Bakterien winzige, leblos wirkende Überdauerformen bilden, genannt Sporen, wenn ihnen die Lebensgrundlage langsam entzogen wird. Man vermutete, dass die Sporen giftig und die vermuteten Krankheitsgifte sind. Das wurde widerlegt, denn aus Sporen entstehen ganz schnell Bakterien, wenn die Lebensgrundlagen wieder gegeben sind. Als beobachtet wurde, dass labile, hoch ingezüchtete Bakterien schnell absterben und sich dabei in noch kleinere Strukturen als Sporen verwandeln können, wurde zuerst geglaubt, dass die Bakterien durch die vermuteten Krankheitsgifte, genannt Viren getötet wurden, die sich dabei vermehrt hätten. Weil man glaubte, dass diese – bei ihrer Entdeckung noch unsichtbaren Strukturen – die Bakterien töten, nannte man sie Phagen, die „Esser der Bakterien." Erst später wurde festgestellt, dass sich nur ganz hochingezüchtete und dadurch fast lebensunfähig gewordene Bakterien in Phagen verwandeln lassen oder wenn Bakterien sehr schnell die Lebensgrundlagen entzogen werden, so dass sie keine Zeit haben, Sporen zu bilden. Mit der Einführung der Elektronenmikroskopie wurden die Strukturen entdeckt, in die sich Bakterien verwandeln, wenn ihnen plötzlich die Lebensgrundlagen entzogen werden oder wenn der Stoffwechsel hochingezüchteter Bakterien durch die Aktivitäten überfordert wird, die durch die Gabe von „Phagen" zu den Bakterien ausgelöst wurde. Hierbei wurde entdeckt, dass es hunderte Arten von unterschiedlich aussehenden „Phagen" gibt. Man glaubte, dass so auch die vermuteten „Viren" der Menschen und Tiere aussehen. Die Entdeckung der Phagen, der „Viren" der Bakterien, bestärkte die Fehlannahme und den Glauben, dass es „Viren" bei Mensch und Tier auch gäbe und dass sie so aussehen und so aufgebaut sind. Das ist und kann aus verschiedenen Gründen nicht der Fall sein. Mit der Anwendung chemischer Untersuchungstechniken in der Biologie wurde entdeckt, dass es tausende Arten an Phagen gibt und sich die Phagen einer Art immer exakt gleich zusammensetzen. Sie bestehen aus einem bestimmten Molekül bestehend aus Nukleinsäure, die von einer Hülle aus Eiweißen einer bestimmten Anzahl und Zusammensetzung umgeben ist. Erst später wurde entdeckt, dass sich nur im Labor hochingezüchtete Bakterien durch den Kontakt mit Phagen selbst in Phagen verwandeln, aber nie Bakterien aus der Natur oder solche, die gerade aus ihrer natürlichen Umgebung entnommen wurden. Dabei wurde herausgefunden, dass diese „Viren der Bakterien" dazu dienen, anderen Bakterien wichtige Moleküle und Eiweiße anzubieten und dass Bakterien selbst aus solchen Strukturen entstanden sind. Noch bevor das klar geworden ist, dass die „Viren der Bakterien" natürliche Bakterien nicht töten können, sondern ihnen beim Leben helfen und Bakterien selbst aus solchen Strukturen hervorgehen, standen diese „Phagen" Modell für die bei Mensch und Tier vermuteten Viren. Man nahm an, dass die Viren von Mensch und Tier auch so aussehen, Zellen vermeintlich töten, dadurch Erkrankungen auslösen, dabei neue Krankheitsgifte produzieren und so Krankheiten übertragen. Bis heute ist der Reflex wirksam, dass neue oder scheinbar neue Leiden als durch Viren verursacht ausgegeben werden, wenn man deren Auslöser nicht kennt oder nicht zur Kenntnis nimmt. Dieser Reflex erfuhr durch die Entdeckung der „Viren der Bakterien" eine scheinbare Bestätigung. Wichtig hierbei ist anzumerken, dass die Theorien von Kampf und Ansteckung immer nur dann von einer Mehrheit der beteiligten Spezialisten angenommen und hochgehalten wurden, wenn die Länder oder Gegenden der Beteiligten selbst unter Krieg und Not litten. In Friedenszeiten dominierten andere Vorstellungen (Quelle: siehe Anhang 85).

Ganz besonders wichtig ist, zur Kenntnis zu nehmen, dass sich die Infektionstheorie – von Deutschland ausgehend – erst durch das Dritte Reich globalisieren konnte, als die jüdischen Forscher, die sich mehrheitlich gegen die politisch instrumentalisierten Infektionstheorien stellten und diese widerlegten, aus ihren Positionen entfernt wurden (Quelle: siehe Anhang 86).

Zum Nachweis der Phagen

Die Existenz von Phagen wurde und wird ganz schnell und einfach im ersten Schritt dadurch bewiesen, dass deren Anwesenheit durch einen Effekt, die Umwandlung von Bakterien in Phagen, und durch ein elektronenmikroskopisches Bild das Vorhandensein dieser Phagen bestätigt wird. Die Kontrollexperimente hierfür sind das Nichtauftreten von Phagen, wenn sich die Bakterien nicht verändern oder sich unkoordiniert durch Zerstörung von außen zersetzen, ohne dass hierbei Phagen gebildet werden. Im zweiten Schritt wird die Flüssigkeit mit den Phagen konzentriert und auf eine Lösung aufgetragen, die unten im Röhrchen eine hohe Konzentration und oben eine niedere Konzentration aufweist. Dann wird das Röhrchen mit den Phagen stark geschleudert (zentrifugiert) und alle enthaltenen Teilchen bewegen sich entsprechend ihrer Größe und Masse an die Stelle ihrer eigenen Dichte. Die Dichte ist der Quotient aus Masse durch Volumen, angegeben in kg/Liter bzw. g/ml. Deswegen wird dieser Konzentrations- und Reinigungsschritt von Teilchen gleicher Dichte als Dichte-Gradienten-Zentrifugation bezeichnet. An der Stelle, an der sich viele Teilchen gleicher Dichte aufhalten, erscheint eine Trübung, die als „Bande" bezeichnet wird. Das wird dokumentiert und die hierdurch konzentrierten und von anderen Bestandteilen gereinigten Teilchen in „Bandenform" werden durch eine Injektionsnadel entnommen. Die entnommene und konzentrierte Menge an Teilchen wird als Isolat bezeichnet. Dass im Isolat tatsächlich Phagen enthalten sind, wird durch eine schnelle und einfache elektronenmikroskopische Aufnahme bestätigt, die gleichzeitig einen ersten Hinweis auf die Reinheit des Isolats gibt, wenn darin nichts anders als Phagen und keine andere Teilchen zu sehen sind. Mit dieser Aufnahme werden auch das Aussehen und der Durchmesser der Phagen bestimmt. Das Kontrollexperiment hierzu ist, dass Flüssigkeiten von Bakterien, die keine Phagen gebildet haben, genauso behandelt und zentrifugiert werden, ohne dass dabei Phagen auftauchen. Nach diesem Schritt der erfolgreichen Isolation der Phagen, schließt sich die entscheidende biochemische Charakterisierung der Phagen an. Nur durch diese biochemische Charakterisierung ihrer Zusammensetzung kann erkannt werden, um welchen Typ von Phagen es sich handelt, denn unterschiedliche Phagen sehen oft gleichartig aus. Hierzu wird das Isolat, die durch die Dichte-Gradienten-Zentrifugation gewonnene Bande, bestehend aus Phagen, in zwei Teile aufgeteilt. Mit einem Teil wird die Größe, Art und Zusammensetzung der Nukleinsäure des Phagen bestimmt, mit dem anderen Teil, in einer anderen Untersuchung, die Anzahl, Größe und Zusammensetzung der Eiweiße des Phagen. Diese Untersuchungen sind seit den 70igern einfache Standardtechniken, die seitdem jeder Student der Biologie in den ersten Semestern zu beherrschen lernt. Diese Untersuchungen werden die biochemische Charakterisierung des Phagen genannt. In fast allen Fällen wurden und werden diese Erkenntnisse in einer einzigen Publikation veröffentlicht, weil ein Phage sehr einfach aufgebaut und die Erforschung der Zusammensetzung seiner wenigen Bestandteile einfach ist. Die Kontrollexperimente hierzu sind der erfolglose Versuch, mit Flüssigkeiten von Bakterien, die keine Phagen hervorbringen, biochemisch etwas nachzuweisen. Auf diese Art und Weise wurde die Existenz von ca. zweitausend unterschiedlichen Phagen-Arten wissenschaftlich bewiesen.

Zum scheinbaren Nachweis krankmachender Viren

Im Gegensatz zu den „Phagen", korrekt bezeichnet als inkomplette Minisporen und Bausteine der Bakterien, konnten die bei Mensch und Tier vermuteten krankmachenden Viren bis heute weder in einem Menschen, Tier oder deren Körperflüssigkeiten gesehen, noch daraus wie Phagen isoliert und deswegen auch nicht biochemisch charakterisiert werden. Das ist bis heute keinem der Beteiligten aufgefallen. Ohne dass bewusst geworden wäre, dass man die vermuteten krankmachenden Viren in keinem Menschen und Tier gesehen und daraus isoliert hat, weil der Gebrauch des Elektronenmikroskops und der Biochemie erst langsam nach 1945 zur Normalität wurde, hat man ab 1949 bei den menschlichen und tierischen Viren die gleiche Idee wie bei den Phagen angewandt, um diese vermeintlich zu vermehren. Es war John Franklin Enders, geboren 1897, Sohn eines vermögenden Bankiers, der nach dem Studium zwei Jahre in Bruderschaften tätig war, danach als Immobilien-Makler, daraufhin vier Jahre Sprachen studierte, bevor er als Quereinsteiger in die Bakterien-Virologie ging, die ihn faszinierte. Diese hier gelernten Ideen und Konzepte zum Nachweis von Phagen übertrug er auf die vermuteten krankmachenden Viren beim Menschen. Mit seinen unwissenschaftlichen und durch keinerlei Kontrollversuche abgesicherten Fehldeutungen führte er die „virale" Infektions-Medizin in die Irre. Wichtig hierbei ist zu wissen, dass wie viele der Infektologen, auch Enders fürs Militär arbeitete, das besonders Opfer der Infektions-Angst war und ist. Es war hauptsächlich das Militär, das glaubte und verbreitete, dass es neben den chemischen auch biologische Kampfwaffen in Form von Bakterien und Viren gäbe, was nicht der Fall ist. Im Jahr 1949 veröffentlichte Enders, dass gelungen sei, das vermutete Polio-Virus auf einem Rasen aus Gewebszellen im Reagenzglas zu vermehren. Die US-amerikanische Fachöffentlichkeit glaubte das auf Anhieb. Enders gab einfach Flüssigkeiten von Menschen mit einer Polio-Diagnose auf Gewebezellen, die er zuvor vermeintlich sterilisierte und behauptete, dass die Zellen durch das Virus sterben, sich das Virus dadurch vermehre und daraus der Impfstoff gewonnen werden kann. Zu dieser Zeit gab es in den Sommerzeiten öfter Epidemien von Polio, definiert als „schlaffe Lähmung", die als das Resultat von Polioviren gedeutet wurden. Durch eine Impfung sollte das vermutete Virus ausgerottet werden. Nach Einführung der Polioimpfung wurden diese Erscheinungen u.a. als Multiple Sklerose bezeichnet, da Polio durch die Impfung angeblich „ausgerottet" worden ist. Enders und Kollegen sterilisierten die Gewebezellen, um damit auszuschließen, dass nicht Bakterien die Zellen töten. Was er nicht bedacht hat, dass das Sterilisieren und die Behandlung der Zellen für die nachfolgende, vermeintliche Infektion, die Zellen tötet. Das Absterben dieser Gewebezellen setzte er gleich mit der Anwesenheit und der Wirkung von Polioviren, ohne dass damals und heute daraus ein Virus isoliert und charakterisiert worden wäre. Weder damals noch heute wurden hierfür die notwendigen Kontrollexperimente durchgeführt, die bewiesen hätten, dass das „Sterilisieren" und die Vorbereitung der Zellen auf die Infektion die Gewebezellen im Reagenzglas tötet. Für diese Leistung erhielten er und seine Kollegen 1954 den Nobelpreis für Physiologie/Medizin. 1954 führte Enders die gleiche Technik zur scheinbaren Vermehrung des Masern-Virus ein. Da er im gleichen Jahr den Nobelpreis für das vermutete Polio-Virus erhielt, glauben alle Beteiligten bis heute, dass seine Technik wissenschaftlich sei. Auf dieser seiner Technik basieren alle heutigen Vorstellungen zu Masern. Die Masern-Impfstoffe bestehen deswegen nicht aus Viren, sondern aus Bestandteilen abgestorbener Affennierenzellen oder menschlicher Krebszellen, die hierfür verwendet werden. Auch hier fanden und finden bis heute keine Kontrollexperimente statt, die beweisen würden, dass die Bedingungen des Experiments zum Sterben der Zellen führen. Allein schon aus dem Grund der fehlenden Kontrollversuche, darf seine Technik und alle davon abgeleiteten Behauptungen und Maßnahmen zu Masern nicht als wissenschaftlich behauptet werden. Mehr noch: Die Aussagen und Experimente von Enders und seinen Nachfolgern lassen bei objektiver Betrachtung keinen anderen Schluss zu, dass bei allen Schritten, die sie tun, immer klar ist, dass Bestandteile und Eigenschaften von sterbenden Reagenzglaszellen festgestellt und untersucht werden, die als Bestandteile und Eigenschaften der vermuteten Masern-Viren fehlgedeutet werden.

Das Beispiel Masern-Virus

Die nachfolgenden Aussagen gelten für alle sog. krankmachenden Viren bei Mensch und Tier. Die sechs Publikationen, die im Masern-Virus-Prozess statt einer einzigen Publikation vom Kläger vorgelegt wurden, erfüllen den Zweck, die verschiedenen Schritte der Fehlentwicklungen hin zum Glauben an ein Masern-Virus, in pädagogisch idealer Weise nachzuvollziehen. Die erste Publikation ist die von Enders, die 1954 unter dem Titel „Propagation in tissue cultures of cytopathogenic agents from patients with measles“ im Fachmagazin Proc Soc Exp Biol Med. 1954 Jun; 86 (2): 277–286 veröffentlicht wurde. Diese Publikation ist wie alle anderen Publikationen des Prozesses auf dem Internet zu finden. Enders und Kollegen reduzieren drastisch die Nährlösung und geben zelltötende Antibiotika zu den Zellen, kurz bevor sie scheinbar infizierte Flüssigkeiten zu den Zellen geben. Das daraufhin einsetzende Sterben der Zellen wird mit der Anwesenheit und gleichzeitig mit der Isolation des vermuteten Masern-Virus gleichgesetzt. Niemals wurden Kontrollversuche durchgeführt, die ausschließen müssen, dass der Entzug von Nährlösung und die Gabe von zelltötenden Antibiotika zum Sterben der Zellen führen. Dabei ist dies nicht nur aus heutiger Sicht offensichtlich. Die Blindheit von Enders und Kollegen kann dadurch erklärt werden, dass er den Menschen helfen wollte, Enders und viele

Beteiligte keine Ahnung von Medizin hatten und Enders und Kollegen sich im Wettlauf mit der Sowjetunion und anderen um die erste Entwicklung des Masernimpfstoffs befanden. Ein Erfolgsdruck dieser Art kann auch erklären, dass er und alle Nachfolger seine eigene Einschränkungen und Warnungen von 1954 vergessen hatten, denn sie beobachteten, dass Zellen ebenso in einem gewissen Maße abstarben, auch wenn diese ganz normal behandelt wurden. Sie erklärten sich das 1954 durch das Wirken unbekannter Viren und Faktoren. Diese Tatsachen und Warnungen wurden einfach ausgeblendet. In der zweiten Publikation des Prozesses, der Veröffentlichung aus dem Jahr 1959 (Quelle: siehe Anhang 87) – siehe hierzu und zu allen anderen die Stellungnahme von mir vom 2.2.2015 auf www.wissenschafftplus. de/blog/de – stellen die Autoren aus diesem Grunde fest, dass die von Enders eingeführte Technik nicht geeignet ist, das Masern-Virus zu „isolieren." Auch diese Widerlegung wird durch alle nachfolgenden Spezialisten nicht nur nicht diskutiert, was wissenschaftliche Pflicht ist, sondern sogar ignoriert. In der dritten Publikation des Prozesses (Quelle: siehe Anhang 88) fotografieren die Autoren typische Bestandteile innerhalb von Zellen und deuten diese als Masern-Virus. Sie isolieren kein Virus. Sie bestimmen, aus heutiger Sicht aus nicht erklärbaren Gründen, genauso wenig die Zusammensetzung dessen, was sie in einem weiteren Experiment als Virus ausgeben. Durch die Lektüre des kurzen Methodenteils wird klar, dass keine Dichte-Gradienten-Zentrifugation, die Standardtechnik zur Isolation von Viren durchgeführt wurde. Zellbruchstücke gestorbener Zellen wurden auf den Boden eines Reagenzglases zentrifugiert. In der festen Überzeugung, dass hier Viren vorhanden sein müssen, wurde die Ansammlung dieser erkennbaren Bruchstücke – ohne deren Zusammensetzung zu bestimmen – als Viren fehlgedeutet. Die Art und Weise der Durchführung der Versuche lassen keine andere Deutung zu, als dass hier zelleigene Bestandteile als Virus fehlgedeutet wurden. Genau das Gleiche geschieht in der vierten (Quelle: siehe Anhang 89) und sechsten (Quelle: siehe Anhang: 90) Publikation des Prozesses. Die fünfte Publikation (Quelle: siehe Anhang 91) des Prozesses ist eine Übersichtsarbeit und beschreibt die Konsensfindung, welche Nukleinsäure-Moleküle aus den abgestorbenen Zellen die sog. Erbsubtanz des Masern-Virus darstellen soll, die auch als Genom des Virus bezeichnet wird. Eindeutig geht daraus hervor, dass dutzende Arbeitsgruppen jeweils an kurzen Stücken zelleigener Moleküle arbeiten und diese, einem vorgegebenen Modell folgend, gedanklich und auf dem Papier zu einem ganzen Teil zusammengefügt haben. Dieses gedanklich zusammengesetzte Stück wurde aber in Wirklichkeit nie als Ganzes gesehen und wurde nie aus einem Virus isoliert, denn ein Masern-Virus taucht weder im Menschen, noch im Reagenzglas auf. Zu dieser Publikation ist anzumerken, dass der Gutachter im Masern-Prozess hierzu aussagt, dass darin der Goldstandard, die ganze Erbsubstanz des Virus, dargestellt sei. Offensichtlich hat der Gutachter diese Publikation nicht gelesen. Die Autoren dieser Publikation stellen fest, dass auf diesem Gebiet bisher noch gar nichts verstanden sei, die genaue Zusammensetzung und Funktionen der Erbsubstanz des Masern-Virus erst noch zu erforschen seien, weswegen zur Konsensfindung über den Aufbau und die Funktionen der Erbsubstanz des Masern-Virus Modellvorstellungen anderer Viren herangezogen werden müssen. Ganz leicht ist für jeden zu erkennen, dass in keiner dieser Publikationen aber auch in allen anderen Publikationen zum „Masern-Virus" und zu krankmachenden Viren, niemals Kontrollexperimente durchgeführt wurden. Niemals wurde die Dichte-Gradienten-Zentrifugation angewandt, sondern nur das Schleudern von Zellbruchstücken auf den Boden eines Reagenzglases. Dieser Vorgang, der dem Aufsammeln aller anwesenden Bestandteile aus einer Flüssigkeit heraus dient, wird als „Pelletieren" bezeichnet. So kann aus diesen und aus allen Publikationen zu „krankmachenden Viren" nur die eine Aussage getroffen werden, dass Bestandteile und die Eigenschaften von Zellen und kein Virus nachgewiesen wurden. Eine andere Deutung ist unter logischen und wissenschaftlichen Gesichtspunkten nicht möglich. Eine experimentelle und im positiven Sinne wissenschaftliche Widerlegung der Existenzbehauptungen des Masern-Virus, die wiederum für alle sog. krankmachenden Viren gilt, werden wir in den nächsten Ausgaben von WissenschafftPlus vorstellen.

Hier verweisen wir noch auf einen Artikel zu den sog. Riesenviren (Quelle: siehe Anhang 92), umhüllte Nukleinsäuren, die massenweise im Meer und bei ganz einfachen Organismen gefunden werden. Sie sind wie alle Phagen der Bakterien nicht nur harmlos, sondern haben positive Aufgaben. Auch diese werden durch die Dichte-Gradienten-Zentrifugation isoliert und damit deren Existenz bewiesen.

Ebenso sei hier auf die maßgebliche Übersichtsarbeit von Prof. Lüdtke (Quelle: siehe Anhang 93) verwiesen. Hier wird gezeigt, dass in der Frühzeit der Virologie die Mehrheit der Virologen letztendlich immer zu der Erkenntnis kam, dass das, was sie zuerst als Virus deuteten, sich als Bestandteil der verwendeten Zellen herausstellte und Folge des Experimentes und nicht dessen Ursache war. Erst durch die Entdeckung und Beschreibung der Phagen und dem Dogma, dass die Nukleinsäure die Erbsubstanz aller Zellen und der Viren sei, entstand der Konsens, dass es solche „Viren" auch bei Mensch und Tier geben müsse. Das Dogma, dass die Nukleinsäure eine Erbsubstanz sei, wurde 1992 in der Fachöffentlichkeit und im Jahr 2008 (Quelle: siehe Anhang 94) für einen Teil der deutschen Öffentlichkeit widerrufen. Das Dogma der Existenz krankmachender Viren dagegen ist noch wirksam. Die australische Perth-Gruppe (Quelle: siehe Anhang 95) um Eleni Papadopulos-Eleopulos, Val Turner und John Papadimitriou hat wissenschaftlich argumentierend bewiesen, dass es keinen Beweis für die Existenz von HIV* gibt. Es war Eleni Papadopulos-Eleopulos, die mich seit 1992 bestärkte und mich wissenschaftlich unterstützte, die Tatsache zu akzeptieren, die Hintergründe zu erlernen und zu verbreiten, dass und warum es keine krankmachenden Viren gibt. Ihr und ihrem Team gilt größter Dank und Respekt.

Die Idee des Antikörpers und deren Fehldeutung

von Ursula Stoll und Dr. Stefan Lanka

Aus der Idee, dass es ein Gegengift gegen das behauptete Krankheitsgift (lat. Virus) gäbe, wurde die Idee des Antikörpers, der das imaginäre Krankheitsgift neutralisieren sollte. Man konnte weder das Krankheitsgift noch das Gegengift jemals finden.

Das, was heute als Antikörper dargestellt wird, ist nichts anderes als kleine, körpereigene Eiweißkörper, die u.a. dem Abdichten von Zellen und Geweben bei Verletzungen und Wachstum dienen. Sie stellen weder einen Schutz vor Krankheiten dar, noch gibt es spezifische Antikörper, von denen versichert wird, dass sie nach einem Schlüssel-Schloss-Prinzip funktionieren.

Da diese Eiweiße („Antikörper") sehr klein sind, werden sie als Globuline bezeichnet. Sie werden im Blut transportiert und kommen, entsprechend ihren jeweiligen Aufgaben, in verschiedenen Größen vor und werden dementsprechend eingeteilt. Die Zuschreibung „Immun"-Globuline ist unzulässig, da es sich schlichtweg „nur" um Eiweiße handelt. Ein Immunsystem, wie es die Schulmedizin aufstellt, konnte bis zum heutigen Tag nicht wissenschaftlich bewiesen werden (siehe auch S. 122). Die Bezeichnung von Globulinen als Antikörper, aufgrund ihrer Bindefähigkeit an andere Eiweiße und Substanzen, ist dagegen sträflich, denn jeder, der jemals im Labor mit Globulinen gearbeitet hat weiß, dass deren Bindefähigkeit an andere Substanzen ganz und gar von den jeweiligen Bedingungen im Reagenzglas abhängt.

Um einen Anstieg von Globulinen im Körper zu erzielen und dann zu behaupten diese spezifischen Antikörper seien gleichzeitig ein theoretischer Schutz vor Krankheiten, müssen im Körper Zellen bzw. Gewebe vergiftet werden, damit vermehrt die abdichtenden Globuline gebildet werden, die auch bei der Gewebeneubildung eine wesentliche und zentrale Rolle spielen.

Dies wird heute dadurch erzielt, dass den Impfstoffen sehr potente Giftstoffe, getarnt als Hilfsstoffe (= Adjuvantien) beigegeben werden, die aber besonders die Nervenfunktionen beeinträchtigen und zu diversen Nebenwirkungen, beispielsweise Unfruchtbarkeit, Nervenschädigungen, Lähmungen, Missbildungen, usw. führen.

Alle Gifte bewirken direkt und indirekt, dass die Eiweiße und besonders die Nukleinsäure in den Mitochondrien geschädigt werden. Da die Mitochondrien, wie alle Bakterien, über keine Reparaturmechanismen verfügen, addieren sich diese Schäden und summieren sich im Organismus über Generationen hinweg. Mitochondrien werden nur über die Eizellen der Frauen auf die künftigen Generationen weitergegeben.
Der Anstieg von Globulinen ist also nichts anderes als die Reaktion des Körpers auf eine Vergiftung, durch die in den Impfungen enthaltenen Hilfsstoffe. Natürlich steigen die Globuline auch bei anderen Vergiftungen an, beispielsweise bei einer Blei-, Quecksilber-, Chemo- oder Arsenvergiftung. Außerdem kann man bei jedem Sonnenbrand, bei Allergien, bei Parasitenbefall, bei Tumoren (= Schwellungen), bei verschiedenen Medikamenten, aber auch bei jeder Wundheilung und bei diversen anderen "Krankheiten" solch einen Globulin-Anstieg beobachten. Der Körper reagiert mit dieser Reaktion kompetent auf Verletzungen, Gifte und „Krankheiten", damit er wieder gesund wird.
Durch Gifte werden Löcher in die Gewebe gerissen und dadurch gehen sie kaputt. Als Reaktion darauf bildet der Körper Dichtsubstanz, die Globuline (kleine Eiweißkörper), die sich im sauren Milieu sozusagen „aufspannen", flächig werden und mit ihren Schwefelwasserstoffgruppen (aus denen Eiweiße bestehen), in der Energie gespeichert ist, mit anderen Eiweißen vernetzen.

Diesen Ablauf kennt jeder: Wenn man sich verletzt, startet die Blutgerinnung (aufgrund der Eiweiße) und die Wundheilung wird eingeleitet. Innerhalb des Körpers finden die gleichen Prozesse statt: Wird unser Organismus mit Giften konfrontiert oder tritt eine innerliche Verletzung auf, dichten die Globuline unsere Gewebe ab – sie starten die Blutgerinnung und die Wundheilung. Aber auch, wenn man einen Schlag auf den Muskel bekommt, bei einem Bluterguss, oder einem Schlag auf die Niere, usw. reagiert der Körper sofort mit einem „Globulinanstieg".
Diesen Eiweißanstieg kann man im Labor messen, er wird als „Titer"* bezeichnet. Ein „Titer-Anstieg" bedeutet nichts anderes, als dass der Körper kompetent reagiert und das geschädigte Gewebe und natürlich heranwachsendes Gewebe abdichtet.

* Der sogenannte „Titer" gibt den Gehalt an aufgelöster Substanz in einer Lösung an.

Ein Titer-Anstieg wird von der Schulmedizin als „Antikörper-Anstieg“ und sogar als „spezifischer Antikörper-Anstieg“ nach einer Impfung deklariert.
Die Bindeeigenschaften der Eiweiße, mit ihrer Schwefelwasserstoffgruppe, sind aber nicht spezifisch – sie können alles Mögliche binden. Beispielsweise ist das Blut einer Schwangeren voll mit Globulinen, um die Plazenta, die dauernd wächst, abzudichten. Wenn man das Blut einer Schwangeren nicht um das ca. 40-fache verdünnen würde, würde man bei einer Titer-Untersuchung, beispielsweise auf die sogenannten Immunglobuline, einen massiv positiven Wert feststellen.
Während die Schulmedizin einen hohen Titer (= Eiweißanstieg) nach Impfungen für einen Schutz ausgibt, propagiert sie bei AIDS* genau das Gegenteil: Hier soll ein hoher „Antikörper-Spiegel“ die Krankheit verursachen.

Der Wirksamkeitsnachweis eines Impfstoffes beschränkt sich auf die Bildung von messbaren „Antikörpern“ im Blut geimpfter Personen; dies wird mit einer Schutzwirkung gleichgesetzt. Ein Impfstoff wird nur zugelassen, wenn er eine Erhöhung der Eiweiße verursacht. Das ist bei allen aktuellen Impfungen der Fall. Doch wird von den meisten Kinderärzten bei allen empfohlenen sogenannten Basisimpfungen keine routinemäßige Kontrolle des „Impferfolges“ durchgeführt. Laut Prof. Heininger (langjähriges Mitglied der STIKO**) sei es sogar nicht ratsam diese Kontrolle durchzuführen, da ein positiver Antikörpertest nicht immer gleichbedeutend mit Schutz ist und somit keine falsche Sicherheit hervorgerufen wird (Quelle: siehe Anhang 96). Widersprüchlicher kann man wirklich ein System nicht mehr kreieren.

* Acquired Immune Deficiency Syndrome; laut Schulmedizin soll sich AIDS durch verschiedene Symptome (z.B. Fieber, Abgeschlagenheit, Müdigkeit, Kopfschmerzen, Unwohlsein, Gelenkschmerzen, Hautausschlag, Nachtschweiß, Muskelschmerzen, Durchfall, Schluckschmerzen, usw.) zeigen und durch das „Human Immundefizienz-Virus“ (HI-Virus, HIV) ausgelöst werden, welches jedoch auch nicht nach den wissenschaftlichen Kriterien isoliert, sondern wie alle krankmachenden Viren nur gedanklich/rechnerisch zusammen gesetzt wurde.
** Ständige Impfkommission.

Denn genau dies sind die Zulassungskriterien für einen Impfstoff bei der European Medicines Agency (EMA): Ein Impfstoff erhält nur eine Zulassung, wenn die Bildung von messbaren „Antikörpern" im Blut geimpfter Personen nachgewiesen werden kann – nur dieser „Wirksamkeitsnachweis" ist erforderlich und wird mit einer Schutzwirkung gleichgesetzt.

Das Robert-Koch-Institut erklärt, dass es für manche Impfungen (z.B. Keuchhusten) keinen Nachweistest gibt und dass die Antikörperkonzentration keinen Rückschluss auf eine mögliche bestehende Immunität gibt (Quelle: siehe Anhang 97). Sie fragen sich jetzt vielleicht wieso diese Impfungen eine Zulassung bekommen haben?
Die Antwort ist simpel: Jeder Impfstoff enthält sogenannte Hilfsstoffe (z.B. Antibiotika, Quecksilber, Aluminium usw.), die **immer** eine Eiweißreaktion hervorrufen – nur keine gedachte „spezifische" Eiweißreaktion.
Die Schulmedizin versteht unter einer „spezifischen Antikörpererhöhung" folgendes: Nehmen wir an, dass bei einer Diphtherieimpfung das Labor in über 50 % der Fälle immer eine Erhöhung von den „Immunglobulinen aus der Gruppe G" gemessen hat. Bei einer Rötelnimpfung hat das Labor in über 50 % der Fälle einen Anstieg von den „Immunglobulinen aus der Gruppe M" festgestellt. Schon haben wir die „spezifischen Antikörper" gezaubert.
Wie gesagt, stellen die Eiweißkörper kein Gegengift dar, sondern sind „nur" eine Reaktion des Körpers auf die in dem Impfstoff enthaltenen Gifte.

Da es mittlerweile viele Berichte von Menschen gibt, die eine „Infektionskrankheit" entwickelten, obwohl sie gegen diese geimpft waren, wurde in der Schulmedizin der Begriff „nicht-protektive" (nicht schützende) Antikörper eingeführt. Ein dramatisches Beispiel wird vom RKI geschildert: Ein 14 jähriger Junge, der alle Impfungen nach der STIKO-Empfehlung erhalten hatte und ein halbes Jahr zuvor eine „Auffrischimpfung" „gegen" Tetanus (Wundstarrkrampf) bekommen hat, wurde mit Kopfschmerzen, Lähmungen, herabfallendes Augenlid (einseitig) und Sehstörungen in die Kinderklinik der Charité Berlin eingewiesen. Die Anamnese ergab, dass er nach dem Genuss von gegrilltem Hühnchen und drei Tage vor der stationären Aufnahme milden Durchfall hatte. Außerdem hatte er eine kleine Schürfwunde am Knie, die sich im normalen Heilungszustand befand. Er wurde, wegen des Verdachts auf eine Meningoenzephalitis (= Hirnhautentzündung) mit sogenannten antiviralen Mitteln und starken Antibiotika „behandelt". Am 2. Tag verschlechterte sich sein Zustand zunehmend: Die Atmung wechselte zwischen langsam und schnell, beide Augenlider hingen herab, er bekam Schluckstörungen und eine schlaffe Lähmung. Die Diagnose: V.a. auf Guillain-Barré-Syndrom* wurde gestellt (Anmerkung: Häufig treten Lähmungen nach einer Polio-, Diphtherie-, und Tetanusimpfung auf; Quelle: Siehe Anhang 14).

Da wegen der Lähmungen ein Botulismus** nicht ausgeschlossen werden konnte, bekam er ein Botulismus-Antitoxin, weswegen er eine anaphylaktische Reaktion*** bekam.

* Beginnend mit Rücken- und Gliederschmerzen, sowie Missempfindungen an den Extremitäten, entwickelt sich innerhalb von Stunden bis Tagen eine aufsteigende Lähmung. Die meist körperfern beginnenden Symptome nähern sich im Verlauf immer weiter dem Körperstamm und nehmen an Intensität zu. Häufig schließt die Lähmung auch die Atemmuskulatur mit ein.

** Von lat. Botulus „Wurst". Fleischvergiftung. Die Keime des Clostridium botulinum vermehren sich v.a. in eiweißreicher Umgebung unter Luftabschluss, z.B. in Konserven oder verpackten Wurstwaren und produzieren in dieser Situation Eiweiße, sog. Botulinumtoxine, die sie sonst nicht produzieren. Es wird behauptet, dass diese Toxine zu den tödlichsten Giften der Welt gehören und dass sie schwere Nervenstörungen auslösen würden, die zum Tod führen können.

*** Starke allergische Reaktion: Nach Kontakt mit einer Substanz treten z.B. an der Haut Juckreiz, Rötung, Nesselausschlag, Schwellungen, usw. auf. An den Atemwegen können Husten, Heiserkeit, Atemnot entstehen. Es kann zu Übelkeit, Erbrechen, Krämpfen, Schwindel, Benommenheit, bis hin zur Bewusstseinseintrübung und/oder Bewusstseinsverlust kommen.

Weitere Symptome traten auf: Blasenschwäche und eine deutliche Tonussteigerung* im Bereich der Beine und Spasmen**, die durch einen erniedrigten Kalziumspiegel auftraten. Er bekam stärkere Antibiotika. Daraufhin bekam der Patient deutliche Zeichen einer Tetanussymptomatik, die mit einem „Antikörper-Serum“ (Tetagam - humane anti-TeNT-IgG, Aventis Behring) gegen Tetanus behandelt wurden.
Zeitgleich wurde der Gehalt der „Anti-Tetanus-IgG“ im Blut bestimmt: Der Junge hatte zum Zeitpunkt der Behandlung einen ausreichenden Impfstatus. Zum Glück verbesserte sich seine Symptomatik und er konnte nach knapp vier Wochen entlassen werden.

Das Fazit aus dem Beispiel: Der Junge kam mit klassischen Vergiftungszeichen, vermutlich aufgrund der Impfungen ins Krankenhaus. Durch massive weitere toxische Medikamente, verschlechterte sich sein Zustand dramatisch. Trotz positivem Laborergebnis (Tetanus; ausreichender „Impfschutz“) bekam der Jugendliche eine Tetanussymptomatik, die vermutlich durch das Botulismus-Antitoxin*** ausgelöst wurde. Es sei seinen jungen Jahren zu verdanken, dass er die Prozedur überstanden hat (Quelle: siehe Anhang 98).

* Erhöhung des Spannungszustandes der Muskulatur.

** Unwillkürliche und schmerzhafte Muskelkrämpfe, die mit einer Verhärtung des betroffenen Muskels einhergeht.

*** Gegengift.

Am 28. Juli 2020 berichtet das *New England Journal of Medicine* (Quelle: Siehe Anhang 99), dass der mRNA*-1273-Impfstoff, der innerhalb weniger Wochen von US-Forschern konzipiert und produziert wurde und als einer der ersten in der Phase-3-Studie klinisch getestet wird, in einer weiteren Studie an Makaken eine starke Immunreaktion erzielt hat, zu dem eine Antikörper-Bildung gehört.

Das Ärzteblatt schreibt am 30. Juli 2020, dass der mRNA-1273 Impfstoff aus einer Boten-RNA besteht, die in Nanopartikel verpackt ist. Damit er nicht auf dem Weg in die Zellen zerstört wird. Von der Firma Moderna aus Cambridge/Massachusetts wird dieser Impfstoff derzeit in einer Phase-3-Studie getestet. Parallel dazu wurde im staatlichen *Vaccine Research Center* in Bethesda eine tierexperimentelle Studie mit 24 Rhesusaffen durchgeführt. Das Ärzteblatt schreibt hierzu: „Anders als bei den klinischen Studien könnten die Tiere nach der Impfung mit dem Erreger infiziert und danach zur genauen Untersuchung der Infektion getötet werden". (Quelle: Siehe Anhang 100). Aus diesen grausamen Tierversuchen erhoffen sich die „Forscher" Informationen zur Immunreaktion, welche sie auch bekamen: Der Impfstoff löste eine starke Immunreaktion aus – was nichts anderes heißt, als dass massiv Eiweiße aufgrund von Fremdstoffen (Impfstoff) gebildet wurden. Nach der Injektion kam es zur Bildung von den sogenannten Immunglobulin-G-Antikörpern, die gegen das behauptete SARS-CoV-2 schützen sollen. Die Forscher behaupten auch Eiweiße gefunden zu haben, die in der Lage sind, eine Infektion von Zellen mit SARS-CoV-2 zu verhindern.

Schauen wir uns an dieser Stelle an, bei welchen Krankheiten die sogenannten „Immunglobuline-G" (IgG) erhöht sind. Die Schulmediziner wissen, dass bei akuten und chronischen Infektionen, bei Krebserkrankungen, bei der „Rheumatoiden Arthritis", bei einer Leberentzündung und bei einer Leberzirrhose die IgGs erhöht sind.

* Messenger-RNA, Boten-RNA-Impfstoffe. Die mRNA soll bei einer Transkription von DNA-Abschnitten entstehen. Die Impfstoffe enthalten demnach RNA-Fragmente, bzw. Nukleotide. Sie greifen das erste Mal in der Geschichte des Impfens direkt in die Erbsubstanz, in das genetische Erbmaterial des Menschen ein und sind in der Lage das individuelle Erbgut zu verändern. Was bislang verboten war und unter eine rechtswidrige, das Leben und die Fortpflanzung gefährdende Genmanipulation fällt.

Ist der Mensch nicht krank und wird ein hoher IgG-Stand gemessen, soll dieser vor Erkrankungen schützen – Die IgGs sollen 80% der im Körper vorhandenen Eiweißkörper („Antikörper") ausmachen.

Übrigens war nach der Impfstoff-Gabe der Anstieg der „Antikörper" 12-84-mal stärker, als bei Patienten, die sich von einer behaupteten SARS-CoV-2-Infektion erholt hatten.

Nach der zweiten Impfdosis wurden alle Makaken mit dem behaupteten SARS-CoV-2 in der Nase und in der Trachea exponiert, das heißt, ausgesetzt. Das bedeutet, dass vermutlich (es steht davon nichts in der Arbeit) mittels Bronchoskopie* die Eiweißstückchen in die Luftröhre und in die Nase eingebracht wurden.
Im Prinzip ist dieser Versuch nichts wert, denn man hätte die Makaken über die Luft „infizieren" müssen, um den Nachweis zu erbringen, dass Ansteckung möglich ist. Eine invasive Methode (Bronchoskopie) startet in den meisten Fällen einen (oder mehrere) Biologisch Notwendigen Ablauf**, der, wenn er die Becherzellen*** der Lunge betrifft, eine Erstickungsangst hervorruft.

* Betrachtung der Bronchien mittels beweglicher Sonde.

** Siehe S. 179.

*** Becherförmige, Schleim produzierende Drüsen, die sich in den Luftwegen sowie im Dünn- und Dickdarm befinden.

Eine Erstickungsangst führt zu einer vermehrten Schleimbildung, um die Fremdkörper (Bronchoskop und Eiweißstückchen) loszuwerden. Ist die Gefahr der Erstickung vorüber, tritt in der Wiederherstellungsphase* eitriges Sekret, Fieber und Schwitzen auf.
Auch Makaken sind sensible Geschöpfe mit einer Psyche, Geist und einem Körper. Durch diese „Methoden" werden sie sicherlich mehrere biologisch notwendige Abläufe durchgemacht haben.

Solange sich die Forschung und die Medizin samt ihrem materialistischen Weltbild, von der Annahme, dass Krankheiten von außen kommen, nicht entfernt, werden wir weiterhin in der Medizin mit Kampf, Krieg, Folter (Tierversuchen), Verstümmelungen (Bestrahlung/Chemo) und wissenschaftlich nicht nachvollziehbaren Theorien konfrontiert werden. Diese Betrachtungsweisen und Behandlungen können nur von einem sinnvollen System abgelöst werden, in dem die biologischen Zusammenhänge auf den Ebenen der Psyche und des Körpers verstanden werden.

Fazit: Ein erhöhter „Antikörper-Spiegel" besitzt keine Aussagekraft! Die sogenannten „Antikörper" bieten keinen Schutz – sie sind Hinweise auf eine Vergiftung, einen Abbau oder einen Aufbau von Gewebe. Menschen können auch mit hohen „Antikörperwerten" erkranken. Die Arzneimittelzulassung von Impfstoffen, welche auf einer „Antikörperbildung" beruht, ist wissenschaftlich nicht haltbar, wenn nicht sogar kriminell. Die Schulmedizin weiß seit ca. 1980, dass „Antikörper" aufgrund irgendwelcher zufälligen wechselseitigen Beziehungen erfundene Ersatzmessgrößen sind. Das Deutsche Institut für medizinische Dokumentation und Information schreibt hierzu: „Die Verwendung von Surrogatendpunkten** ist nicht unproblematisch.

* Etappe, die eintritt, wenn der Schock, das Trauma überwunden werden kann.
** Messwerte, die eine Vorhersage späterer klinischer Ereignisse ermöglichen sollen; zum Beispiel die Senkung des Blutdrucks als Surrogatenendpunkt für die Vermeidung eines Schlaganfalls.

In der Vergangenheit gab es viele Situationen, in denen das Vertrauen auf Surrogatendpunkte trotz starker Korrelation mit dem klinischen Ereignis irreführend war, bzw. fatale Folgen hatte. Einige Produkte, die auf der Basis von Surrogatendpunkten zugelassen wurden, mussten später vom Markt genommen werden, da sich in Studien mit Mortalitäts- bzw. Morbiditätsendpunkten*, die Nutzen-Risiko-Abwägung umkehrte" (Quelle: siehe Anhang 101).

* Morbidität = Häufigkeit der Erkrankungen innerhalb einer Bevölkerungsgruppe; Mortalität = Sterblichkeitsrate.

Das sogenannte Immunsystem gibt es nicht!

von Ursula Stoll und Dr. Stefan Lanka

Zum sogenannten Immunsystem werden die angenommenen „Immunzellen und die lymphatischen Gewebe“ (z.B. Milz, Lymphe, Mandeln, Lymphknoten, Thymus, Darmanteile) gezählt.
Vorab gesagt, ist das ganze System noch nicht annähernd erforscht, weil es eine enorme Komplexität aufweist und wir diese mit einem mechanistischen Denkmuster („Gut und Böse-Denken“) nicht erfassen können. Bestimmte Zellen im Blut sollen laut Schulmedizin Immunzellen sein.
Dazu gehören beispielsweise die Monozyten, die Makrophagen, neutrophile, basophile, eosinophile Granulozyten, die Lymphozyten, die Mastzellen, die Killerzellen, die B- und T-Zellen, die T-Helferzellen, die Interleukine, die Kappa- und Gammaleichtketten, usw. Wie schon durch die Aufzählung der Zellen ersichtlich, wird das „Immunsystem“ ebenfalls von der Schulmedizin in Gut und Böse eingeteilt. Das „Böse“ Immunsystem soll sich in diesem Gedankenmuster gegen uns selbst richten können, sogenannte Autoimmunkrankheiten* hervorrufen, und dazu fähig sein, uns zu vernichten. Wir sollen demnach einen Selbstzerstörungsknopf in unserem Organismus haben, wie eine tickende Zeitbombe. Das „gute“ Immunsystem bildet Antikörper (Immunglobuline; IgG, IgM, IgA, IgD, IgE) als Reaktion auf Krankheitserreger und andere körperfremde Stoffe. Wenn diese Immunglobuline bei einer Allergie, Lebererkrankung, Infektion, usw. erhöht sind, wird dieser Umstand wiederum negativ gewertet. So die schulmedizinische paradoxe Betrachtungsweise.

Mit einem starken Immunsystem ist man vor Krankheiten geschützt, mit einem schwachen Immunsystem kann man sich schnell eine Erkältung zuziehen. Wenn man schwer erkrankt und beispielsweise eine Lungenentzündung bekommt, hat man ein sehr geschwächtes Immunsystem. Wieso gibt man den Kranken dann hochdosiert Kortison und Antibiotika, von denen die Schulmedizin sagt, dass sie das Immunsystem schwächen? Dennoch, die Frage ist schnell beantwortet: Die Schulmedizin lernt aus Erfahrungen. Die Mediziner haben die Erfahrung gemacht, dass Kortison oder Antibiotika beispielsweise die Symptome eines Hautausschlags schnell verschwinden lassen. Warum ein Hautausschlag

entsteht, wissen sie allerdings nicht, da die Medizin symptomorientiert agiert und nicht ursachenspezifisch handelt. Kehrt der Hautausschlag zurück, kommt wieder Kortison zum Einsatz, etc. Irgendwann wird die Kortisondosis erhöht – das Ganze kann sich über Jahre (Jahrzehnte) hinziehen.
Irgendwann werden die Nebenwirkungen des Medikaments überwiegen und dann wird wieder behauptet, dass das Immunsystem geschwächt ist. Widersprüchlicher kann man wirklich nicht agieren...
Und wie kann man sich von einer Erkrankung mit einem geschwächten Immunsystem wieder erholen? Ein schwaches Immunsystem soll krank machen, aber wenn man dann krank ist, soll das schwache Immunsystem, samt immunschwächender Medikamente einem wieder auf die Beine helfen?

Und was ist überhaupt eine „Autoimmun-Erkrankung"? Es soll sich ein System in unserem Körper befinden, das uns selbst vernichten kann? Wie konnten wir überhaupt so lange mit diesem System überleben? Und wenn es Antikörper gibt, die uns schützen, warum sollten wir uns impfen lassen?

Die Schulmedizin beantwortet diese Fragen damit, dass sich das Immunsystem mit der Krankheit auseinandersetzt. (Anmerkung: Und vorher, hat es geschlafen oder war in Ferien an der Nordsee?).
Wenn man nicht stirbt, so hat das körpereigene Immunsystem gesiegt und ist dadurch stärker geworden. Der Kampfgedanke und das materialistische Denkschema scheinen jede Frage beantworten zu können. Dennoch ist es ein sehr fiktives Argument, bleibt eine Theorie und kann nur mit der „Kampf/Krieg-Annahme" und dem „Gut und Böse"-Denken eine erdachte Begründung finden. Warum die Wissenschaft an diesem materialistischen Denkschema festhält, auch wenn sie das nicht wissenschaftlich untermauern kann und es nicht zum Wohle der Menschheit geschieht, erfahren Sie auf S. 200.

Die Idee eines Immunsystems, stammt aus der Antikörper- und Infektionslehre. Das Immunsystem gilt als Abwehrsystem das beispielsweise Gewebeschädigungen durch Krankheitserreger und die Entartung von Zellen verhindern soll.

Die Erfindung des Immunsystems basiert auf der Erklärung, warum manche Menschen keinen „grippalen Infekt" bekamen und andere ständig unter Schnupfen litten. Damit ließ sich weiterhin behaupten, dass es Ansteckung gäbe – der eine hat ein „besseres Immunsystem" als der andere, wenn er nicht erkrankt. Mit dieser Theorie ließen sich Krankheiten scheinbar erklären, für die keine Ursache gefunden wurde. Außerdem formte sich mit diesem Einfall ein übermächtiger Wirtschaftszweig aus, mit dem sich Milliarden verdienen lässt.

Legen wir den Kampf-Gedanken und die Unterteilung in Gut und Böse beiseite und befreien wir uns von den einseitig denkenden Mustern. Was bezweckt unsere Biologie, wenn sie vermehrt Eiweißkörper („Antikörper", „Immunglobuline" „Rheumafaktoren", „Eosinophile Granulozyten", „Kappa-Leichtketten", usw.) bildet? Wofür brauchen wir diese Stoffe?
Die Antwort darauf ist einfach: Wir benötigen diese kleinen Eiweißkörper zum Abdichten von Zellen und Geweben, wenn wir uns beispielsweise verletzt haben. Wir bedürfen dieser kleinen Giganten für die Erneuerung von Geweben, wenn wir z.B. eine Bronchitis, eine Lungenentzündung oder einen Schnupfen haben. Wir brauchen die Eiweiße für den Abbau von Geweben, wenn wir zum Beispiel ein Tumorgeschehen im Körper vorliegen haben. Unser Organismus benutzt diese Eiweißkörperchen, wenn Löcher im Gewebe durch Vergiftungen entstanden sind, um diese wieder aufzufüllen. Ohne Eiweiße wäre kein Leben und keine Gesundung möglich!

Jeder Organismus besitzt mit diesem gigantischen, perfekt funktionierenden System, das mit Psyche, Gehirn und Organ exakt abgestimmt ist, eine biologisch zusammenhängende Ordnung. Am ehesten kann diese Gestaltung mit einem Integrationssystem oder mit dem Gedanken der Resilienz* harmonieren.

* Psychische und physische Widerstandskraft; die Befähigung schwierige Lebenssituationen ohne anhaltende Beeinträchtigung zu überstehen.

Nehmen wir beispielsweise die Rheumafaktoren. Dies sind bestimmte Eiweiße, die vom Körper gebildet werden, wenn Auf- und Abbauprozesse im Körper stattfinden. Sie treten demnach vorwiegend bei rezidivierenden Schmerzen im Stütz-, Halte- und Bewegungsapparat auf. Schulmedizinisch betrachtet können Sie jedoch, selbst wenn die sogenannten Rheumafaktoren im normalen Bereich liegen, die Diagnose Rheuma bekommen, wenn Sie unter rezidivierenden Schmerzen an den Gelenken leiden.
Ich zitiere: „Ein positiver Rheumafaktor macht eine rheumatische Erkrankung wahrscheinlicher, beweist sie jedoch nicht. Ebenso macht ein negativer Rheumafaktor Rheuma zwar unwahrscheinlicher, schließt es aber nicht aus." (Quelle: Siehe Anhang 102). Bei allen von der Schulmedizin festgestellten Faktoren, Titern, Immunglobulinen, Leichtketten, T-Zellen, usw. greift dieses Roulettespiel ebenfalls: Wie schon geschrieben, wird das Vorhandensein von beispielsweise IgGs mal positiv oder mal negativ von der Schulmedizin bewertet.
Auch die Leukozyten und die Lymphozyten gehören in dieses Integrationssystem, das die Schulmedizin als Immunsystem bezeichnet. Sie sind dafür zuständig Gewebereste aufzubauen und abzutransportieren sowie Fremdstoffe zu entfernen. Da sie immer im Blut und in der Lymphe vorhanden sind, können sie auch als erstes reagieren. Sie stehen immer bereit. Aus diesem Grund trifft man sie bei jeglichen Entzündungen vermehrt an. Sie sind weder böse noch gut, sondern verrichten ihre biologische Aufgabe für die sie gebraucht werden.

Wieso tragen die Bestandteile des Blutes (Blutzellen) so viele unterschiedliche Namen, wenn es sich nur um Eiweiße handelt? Warum ist die Zuordnung von bestimmten Eiweißen zu einer Krankheit für die Schulmedizin wichtig?

Die verschiedenen Zellen besitzen unterschiedliche Längen, bzw. Eiweißketten, und Formen, aufgrund deren sie verschiedene Namen bekamen.
Die Schulmedizin benannte die verschiedenen Längen und Formen der Eiweiße mannigfach, um sie unterschiedlichen Krankheiten zuordnen zu können. Zum einen kreierte die Schulmedizin diesen Umstand, um eine materielle Ursache für die Krankheiten benennen zu können und zum anderen, um daraus eine bestimmte symptomatische Behandlung einzuleiten bzw. zu generieren. So

bekommen Menschen, bei denen ein hoher Rheumafaktor gemessen wurde, beispielsweise das Medikament Methotrexat (MTX), das auch bei diversen Krebserkrankungen eingesetzt wird. Das Medikament gehört zur Gruppe der Zytostatika* (verharmlosend wird das Mittel auch als Immunmodulator bezeichnet) und hemmt ein Enzym** wodurch die Folsäurebildung, das Zellwachstum und die Zellteilung blockiert werden.
Aus diesem Grund kann das Mittel zu schwerwiegenden Nebenwirkungen führen. Zu den heftigen Nebenwirkungen zählen Nieren- und Leberschädigungen, sowie ein Abfall der Blutplättchen und der weißen und roten Blutkörperchen. Häufig kommt es zu Entzündungen an der Mund- und Darmschleimhaut (um nur ein paar Nebenwirkungen zu nennen). (Quelle: siehe Anhang 103). Im Prinzip werden die Eiweiße mit dem Medikament vernichtet, die dringend für den Auf- und Abbau von Geweben benötigt werden. Durch die Reduktion der Eiweiße geht die Entzündung vielleicht erstmal zurück, im weiteren Verlauf leiden die Betroffenen jedoch zusätzlich an ihrer „Erkrankung“ und den Nebenwirkungen.
Menschen, die beispielsweise nach dem Einsatz von Chemo (Zellgift) häufig eine Erhöhung von mehreren Eiweißen haben, oder mit der Diagnose „multiples Myelom***“ konfrontiert sind, bekommen ebenfalls ein Zytostatikum (Chemomittel), beispielsweise Revlimid®, welches ebenfalls zu schwerwiegenden Nebenwirkungen führen kann, die mehr als einen von zehn Behandelten betreffen. Am Ende weiß man gar nicht mehr, woran die Betroffenen gestorben sind: War es die Erkrankung oder haben die Nebenwirkungen der Medikamente den Tod verursacht?

* Toxisch, chemische Substanz, welche als Arzneistoff eingesetzt wird.
** Organische Verbindung, welche komplexe Vorgänge im Organismus steuert.
*** Erkrankung an den Knochen und dem Knochenmark. Mit dem Wissen um die Universalbiologie: Schwerer Selbstwerteinbruch.

Betroffene, bei denen viele kleine Eiweißstückchen (RNA) extrahiert wurden oder beispielsweise die Symptome einer Gürtelrose* haben, bekommen Medikamente wie Virostatika (z.B. Remdesivir; siehe S. 35, oder Aciclovir®).
Letztendlich sind dies auch Chemomittel, die zu einer Reduktion der roten und weißen Blutkörperchen führen können. Schlussendlich richten sich alle diese Medikamente gegen unser Integrationssystem und die Schulmedizin weiß nicht, warum sich bestimmte Eiweiße erhöhen. Die offizielle Medizin kann auch nicht wissenschaftlich beweisen, dass beispielsweise die Rheumafaktoren für die Gelenkschmerzen verantwortlich sind, oder dass der behauptete Varicella-Zoster-Virus** eine Gürtelrose auslöst.

Beim fiktiven Varicella-Zoster-Virus hat sich die Phantasie der Schulmedizin komplett verselbstständigt, denn der besagte Virus soll bei Kindern Windpocken auslösen und bei Erwachsenen eine Gürtelrose. Achtung! Und jetzt aufgepasst: Wenn die Windpocken abheilen, verstecken sich die fiktiven Viren an den Spinalganglien*** und schlummern dort so leise, dass Sie nicht krank werden. Durch Stress, AIDS, diverse Medikamente, UV-Strahlung, kaputtes Immunsystem, usw. können diese Fieslinge aufwachen und eine Gürtelrose auslösen. Von daher führt sich das schulmedizinische „Wissen" selber ad absurdum.

* Von der Schulmedizin durch „Herpes Zoster Viren" ausgelöster schmerzhafter Hautausschlag. Dieselben fiktiven Viren werden auch für die Windpocken verantwortlich gemacht. Auch für die sogenannten Herpes Zoster Viren gibt es keine wissenschaftliche Publikation mit der geforderten Beweislage der Henle-Koch´schen Postulate. Ebenfalls fehlen die von der Wissenschaft geforderten Kontrollversuche. Mit dem Wissen um die Universalbiologie handelt es sich bei diesem Symptom um einen „Besudelungs-/Verunstaltungskonflikt" in der Wiederherstellungsphase.

** Dieser „Virus" wird für die Windpocken und die Gürtelrose verantwortlich gemacht.

***Ansammlungen von Nervenzellkörpern.

Auf welchem Fundament beruhen die schulmedizinischen Behandlungen?

Die offizielle Medizin sammelt ihr Wissen hauptsächlich durch Erfahrungen. Beispielsweise wurden bis in die 90iger Jahre Menschen mit geschwächter Rumpf- und Bauchmuskulatur in ein Korsett gequetscht. Heute macht man das nicht mehr, weil man gemerkt hat, dass die Muskulatur dadurch noch schwächer wird. Manchmal sammelt die Schulmedizin auch Wissen aus den Folgen von Kampfgasen, die in Kriegszeiten benutzt wurden. Es geht ja schließlich um böse Zellen, die ausgemerzt werden müssen. Beispielsweise wurde im ersten Weltkrieg Lost als Gelbkreuzkampfstoff eingesetzt. Danach stellte man fest, dass die Opfer neben schweren Reizungen der Haut und des Atemtrakts auch Schädigungen besonders am Knochenmark und an den lymphatischen Organen aufwiesen. Aus diesem Grund wurde Lost als Chemo-„Therapeutikum" eingesetzt. Da Lost jedoch zu toxisch war, wurde in der Folgezeit mit der ähnlichen Substanz Stickstofflost weiterexperimentiert. Eine große Gruppe der Chemos stammt von Stickstofflost ab (Quelle: Siehe Anhang 115).

Während man früher noch die Syphilis* mit Quecksilber behandelte, erkannte man später, dass das zu keinerlei Erfolg führte, da die Betroffenen reihenweise an einer Schwermetallvergiftung verstarben.

Heutzutage bekommen an Syphilis Erkrankte Antibiotika. Die Schulmedizin geht davon aus, dass das Bakterium Treponema pallidum für die Erkrankung verantwortlich ist. Beweisen kann sie das aber nicht. Quecksilber findet heute noch Verwendung: Beispielsweise in Impfungen, jedoch in einer weitaus geringeren Dosis.

* Wird auch als Lues oder harter Schanker bezeichnet; gehört mit dem schulmedizinischen Wissen zur Gruppe der sexuell übertragbaren Erkrankungen. Bei der Hälfte der Erkrankten soll es zu keinerlei Symptomen kommen; die andere Hälfte entwickelt ein schmerzloses, Flüssigkeit absonderndes Knötchen. Bei Männern tritt das Knötchen am Penis, bei Frauen an den Schamlippen auf. Im Verlauf werden von der Schulmedizin weitere Symptome in diesen Komplex mit einbezogen. Mit dem Wissen um die Universalbiologie handelt es sich um einen „Besudelungskonflikt" in der Wiederherstellungsphase.

Mit diesen Erfahrungen, die die Schulmedizin sammelte, kam sie auf die Idee bei Krankheiten verschiedene Blutparameter zu messen. Während man früher nur die Leukozyten bei einer Entzündung gemessen hat und immer feststellen konnte, dass sie erhöht waren, konnte man mit der Zeit immer mehr unterschiedliche Parameter im Blut feststellen. Dadurch gelang der Immunologie der vollständige „Durchbruch“, die mittlerweile ein explosionsfähiges Bild an verschiedenen Eiweißen im Blut erschuf.

Ist der Körper durch starke Gifte (z.B. Chemo) belastet, kann die Schulmedizin, bzw. die Immunologie vielfältige Eiweißkörper benennen: Beispielsweise die Gamma-, Kappa-Leichtketten, die Makrophagen (siehe auch S. 122), die Granulozyten usw. Für die Schulmediziner gleicht dieses Schauspiel einem Krieg, der im Körper stattfindet, weil sie nicht wissen, dass die Eiweiße für die Wiederherstellung von Gewebe und für den Abtransport von Stoffen vermehrt produziert werden. Diese abdichtenden, zellauf- und zellabbauenden Eiweiße leisten Großartiges in unserem Körper.

Ein Anstieg von Eiweißkörpern ist also nichts anderes als die Reaktion des Körpers, auf Vergiftungen, Wiederherstellungen von Gewebe und dem Abtransport von Stoffen kompetent zu reagieren.
Sie können den Vorgang bei jeder Wundheilung selbst beobachten, besonders wenn eine sogenannte „Entzündung“ vorliegt.
Nehmen wir mal an, Sie haben sich einen Spreißel zugezogen und hätten nicht die Möglichkeit, ihn zu entfernen. In diesem Fall werden die Leukozyten, die Makrophagen, die in uns lebenden Mikroorganismen (= Symbionten), usw. aktiviert, damit sie den Spreißel zersetzen und damit loswerden. Dadurch entstehen Eiter und eine Rötung. Sie finden zuhauf Bakterien (z.B. Makrophagen) und Eiweiße in diesem Gebiet. Natürlich sind die Bakterien und Eiweiße die „Macher“, welche sich darum kümmern, dass der Spreißel ausgestoßen werden kann. Die Eiweiße dichten das Gewebe ab. Sie sind aber nicht für das Eindringen des Spreißels verantwortlich. Nehmen wir an, der Spreißel sitzt tief und es wurden mit ihm noch andere Fremdstoffe in den Körper gebracht. In diesem Fall reagiert der Körper auf Hochtouren: In den Lymphbahnen und Lymphknoten werden Eiweiße transportiert, abgebaut und aufgebaut, die dafür sorgen,

dass der Spreißel samt den Fremdstoffen ausgestoßen werden kann. Ausgehend von der Eintrittsstelle des Spreißels wird die Lymphbahn u.U. rot, schwillt an und wird warm (Umgangssprachlich wird dieses Phänomen als Blutvergiftung bezeichnet). Die umliegenden Lymphknoten schwellen an, weil auch sie auf Hochtouren laufen. Die ganze Prozedur ist aber weder gut noch böse – sie IST und stellt die kompetente Reaktion unseres Organismus dar, die nur einem Zweck dient: ZU ÜBERLEBEN.

Der „Corona-Test“

von Ursula Stoll

Mittlerweile sind schon über 300 Tests für den angeblichen Nachweis von Cov-2-Viren zugelassen worden. Gültig, also validiert, ist kein einziger. Sie sind auf dem Markt und werden geduldet. Keiner ist auf SARS-Cov-Viren geeicht.

Allen Tests gemeinsam ist, dass sie mit der sogenannten PCR-Methode die Viren nachweisen sollen. In diesem Abschnitt erläutern wir Ihnen, dass die PCR-Methode nicht dazu geeignet ist, Viren nachzuweisen und der Test auch nicht validiert ist. Da keine Isolierung des behaupteten Cov-2-Virus stattgefunden hat und alle weiteren Henle-Koch´schen* Postulate demnach auch nicht eingehalten wurden, kann es logischer Weise auch keinen validierten Test geben.

Den ersten und wohl bekanntesten Test hat Dr. Drosten herausgegeben. In der allgemeinen Presse wird er daher auch als „Drosten-Test“ bezeichnet. Doch vorweg genommen: Bevor die allererste Veröffentlichung des behaupteten SARS-Virus** (später umbenannt in Cov-2-Virus) von den Chinesen stattgefunden hatte, haben Drosten und sein Team den Test bereits vorgestellt.

Auch die WHO und das RKI haben den Drosten-Test vor der ersten Veröffentlichung irgendwelcher „Viren-Sequenzen***“ beworben und akzeptiert.

* siehe S. 100.

** Die beteiligten Virologen weisen darauf hin, dass bis zum heutigen Tag keine Beweise für das besagte Virus erbracht wurden. Außerdem, dass kein intaktes, infektionsfähiges Virus nachgewiesen werden kann, sondern nur Bruchstücke von Nukleinsäuren, die dem Virus zugeschrieben werden. Die Virologen können nicht zwischen körpereigenen und körperfremden Substanzen unterscheiden (Quelle: Siehe Anhang: 104).

*** Reihen-, Abfolge von bestimmten Eiweißstückchen, z.B. RNA-, DNA-Sequenzen.

Es standen demnach keine Gensequenzen des fiktiven Virus zur Verfügung. Hat Drosten die Sequenzen aus dem Hut gezaubert? Nein, natürlich nicht, er hat sich einfach damit beholfen, alte Sequenz-Stückchen aus dem Jahr 2003 zu verwenden (natürlich auch von einem fiktiven Virus, der nicht nach wissenschaftlichem Standard isoliert worden ist). Das ist Wissenschaftsbetrug vom Feinsten oder vorsätzliche Täuschung, um es milde auszudrücken.
Prof. Drosten nimmt einfach Bruchstücke einer DNA* und kreiert einen Test für Cov-2...Das Ganze erinnert ein bisschen an die Spiele mit dem Legobaukasten.

Tatsache ist und bleibt, dass wir mit dieser mechanistischen Denkweise, mit der wir durch immer kleinere Mikroskope geschaut haben, den Blick für das GANZE verloren haben. Wir haben den „Wissenschaftlern" Jahrhunderte lang vertraut und geglaubt. Jetzt ist es an der Zeit, zu hinterfragen und die Missstände der vermeintlichen Wissenschaft aufzudecken - anders können wir nicht die Sicht verändern und die biologischen Zusammenhänge verstehen.

* Desoxyribonukleinsäure.

Die Globalisierung der chinesischen SARS-Virus-Panik und Weichenstellung zur Corona-Krise durch Prof. Drosten

von Dr. Stefan Lanka

Prof. Christian Drosten von der Charité in Berlin behauptet, dass er ab dem 1.1.2020 ein genetisches Nachweisverfahren entwickelt hat, mit dem er die Anwesenheit des neuen Corona-Virus in Menschen zuverlässig nachweisen kann (Quelle: siehe Anhang 105).
Die WHO hat das von ihm entwickelte Testverfahren am 21.1.2020 den Chinesen und allen Nationen als zuverlässiges Testverfahren empfohlen, um die Ausbreitung des angeblich neuen Corona-Virus feststellen zu können (Quelle: siehe Anhang 106).

Um a) nachvollziehen zu können, welche Annahmen und welches Tun den Behauptungen von Prof. Drosten zugrunde liegen und
b), zu überprüfen, ob seine Schlussfolgerungen ein sicheres Testverfahren für das neue Corona-Virus entwickelt zu haben, logisch und wissenschaftlich bewiesen sind oder nicht, oder sogar widerlegt sind, bedarf es der Erklärung der verwendeten Begriffe, Techniken, Darstellung seiner Argumentation und der Analyse der beiden entscheidenden Publikationen, auf die sich Prof. Drosten bezieht.

- Wie sind ein Virus und ein Corona-Virus definiert?
- Wie sind in diesem Zusammenhang Sequenzen definiert?
- Wie funktionieren die Nachweisverfahren von Sequenzen, die als PCR, als RT-PCR und als real-time RT-PCR bezeichnet werden?
- Wann darf der Nachweis der Anwesenheit von Sequenzen in Menschen als Beweis für die Anwesenheit eines Virus ausgegeben werden?
- Wie wird die Existenz eines Virus wissenschaftlich nachgewiesen?

Begriffe

- Ein Virus ist in der Wissenschaft definiert über seine spezifische, nur diesem Virus zugehörige Erbsubstanz.
- Die Erbsubstanz eines Virus wird auch als viraler Erbgutstrang, als virales genetisches Molekül oder als sein Genom bezeichnet.
- Die virale Erbsubstanz eines Virus beinhaltet nacheinander die verschiedenen genetischen Sequenzen für die Bildung der verschiedenen viralen Eiweiße, die als virale Gene bezeichnet werden.
- Die Erbsubstanz eines Virus kann entweder aus den beiden genetischen Molekülarten DNA oder RNA bestehen.
- Corona-Viren sind dadurch definiert, dass sie aus einem bestimmten Molekül aus RNA bestehen, das von einer Hülle umgeben ist.
- Die Erbsubstanz eines bestimmten Virus ist definiert durch seine genau bestimmte Länge und die exakte Bestimmung des Aufbaus des viralen Erbgutstranges.
- Die Zusammensetzung des Erbguts eines Virus ergibt sich durch die genaue Bestimmung der Anzahl und der spezifischen Abfolge der vier Bausteine, aus der eine Erbsubstanz besteht. Die vier Bausteine einer Erbsubstanz werden als Nukleotide bezeichnet.
- Der Vorgang der Bestimmung der spezifischen Abfolge der vier Bausteine einer Erbsubstanz wird als Sequenzierung bezeichnet.
- Das Resultat der Bestimmung der Abfolge der Bausteine einer Erbsubstanz wird als Sequenz oder als genetische Sequenz bezeichnet.
- Krankmachende Viren sind dadurch definiert, dass ihre Sequenz einmalig ist und in gesunden Organismen nicht vorkommt.
- Um die Anwesenheit der Erbsubstanz eines Virus nachweisen und bestimmen zu können, muss entsprechend den Denkgesetzen und der Logik (die jeder Wissenschaft als Fundamental-Regel vorausgeht) dieses Virus isoliert werden. Es müsste in Reinform vorliegen, damit nicht zelleigene Gensequenzen als Bestandteile eines Virus fehlgedeutet werden.
- Die Bestimmung der Sequenz einer genetischen Substanz ist nur möglich, wenn diese in Form einer DNA vorliegt.

- Um die Sequenz einer genetischen Substanz bestimmen zu können, die in Form einer RNA vorliegt, muss diese zuvor biochemisch in DNA umgewandelt werden.
- Den Vorgang der Umwandlung einer genetischen Substanz aus RNA in DNA wird als „Reverse Transkription“ bezeichnet und mit „RT“ abgekürzt.

Die von Prof. Drosten verwendeten Techniken und erste Schlussfolgerungen
Die Anwesenheit und Länge einer Erbsubstanz wird dadurch bestimmt, indem diese in einem elektrischen Feld der Länge nach aufgetrennt wird. Kurze Stückchen wandern schneller, längere langsamer. Gleichzeitig werden, um die Länge der zu untersuchenden Erbsubstanz bestimmen zu können, verschieden lange Stückchen an Erbsubstanz mit bekannter Länge hinzugegeben. Diese zuverlässige Standardtechnik zum Nachweis und der Bestimmung der Länge an Erbsubstanz, wird als „Gelelektrophorese“ bezeichnet.

Ist die Konzentration einer bestimmten Erbsubstanz zu gering, so dass sie mit der Technik der „Gelelektrophorese“ nicht nachweisbar ist, kann diese durch die Technik der unbegrenzten Vermehrung von DNA, genannt Polymerase-Ketten-Reaktion, beliebig vermehrt werden. So kann nicht nachweisbare DNA in der Gelelektrophorese sichtbar gemacht werden. Das ist eine Voraussetzung, um genetische Substanz für weitere Untersuchungen, vor allem für die nachfolgende, entscheidende Bestimmung ihrer Länge und ihrer Sequenz zugänglich zu machen. Diese Methode wird abgekürzt auch als PCR bezeichnet.

Der Erfinder der PCR-Technik, Kary Mullis (1944-2019), der 1993 hierfür den Nobelpreis für Chemie erhalten hat, hat früh darauf hingewiesen, dass diese, seine, für Reinraumanalytik in Computerchipfabriken entwickelte Methode sehr fehleranfällig ist. Er hat in seiner Nobelpreisrede, die auf der Seite des Nobelpreiskomitees dokumentiert ist, ebenso darauf hingewiesen, dass es keinen überprüfbaren, tatsächlich wissenschaftlichen Beweis dafür gibt, dass die genetische Substanz, die als Genom des HIV bezeichnet wird, tatsächlich eine Immunschwäche oder eine der verschiedenen Krankheiten auslöst, die

unzulässig unter dem Begriff „AIDS“ zusammen gefasst und mit hochtoxischer Chemotherapie behandelt werden.
Er wies darauf hin, dass es nur einen Konsens beteiligter Wissenschaftler gibt, dass „HIV“ eine Immunschwäche auslösen würde.

Um eine DNA mit der PCR-Technik vermehren zu können, bedarf es der Kenntnis der Zusammensetzung der Sequenz der DNA. Eine DNA kann nämlich nur dann mit der PCR vermehrt werden, wenn sich an den Anfang und das Ende der DNA kurze, künstlich hergestellte Genstücke binden, die exakt der Sequenz des Beginns und des Endes der zu vermehrenden DNA entsprechen. Diese kurzen Stückchen künstlich hergestellter DNA werden deswegen als Startermoleküle der PCR, als Primer bezeichnet. Sie sind im Schnitt zwischen 24 bis 30 Nukleotiden (den Bausteinen der genetischen Substanz) lang.

Mit der PCR können also keine unbekannten Sequenzen und keine unbekannten Viren nachgewiesen werden. Erst die Bestimmung der Sequenz eines Virus ermöglicht es, einen PCR-Test für den Nachweis einer Gensequenz zu entwickeln, die aus einem Virus stammt.

In der Frühzeit der PCR war es nur möglich, die Menge der vermehrten DNA erst nach dem Stopp der PCR-Vermehrungsreaktion mittels Gelelektrophorese zu bestimmen. Mittlerweile werden den für die PCR benötigten Enzymen und Substanzen bestimmte Farbstoffe beigegeben. Der Nachweis dieser Farbstoffe beim Verlauf der PCR zeigt ungefähr an, welche Konzentrationen an künstlich vermehrter DNA entstanden sind und wieviel DNA ungefähr beim Start der PCR tatsächlich vorhanden war. Weil die Bestimmung der Menge an künstlich erzeugter DNA noch während des Laufs der PCR-Technik ungefähr bestimmt werden kann, wird diese Erweiterung der PCR-Technik als „real-time PCR“ bezeichnet. Eine „real-time PCR“, der ein anderer Schritt vorangeht, die Umwandlung von RNA in DNA mittels „Reverser Transkription“ (RT), wird deswegen als „real-time RTPCR“ bezeichnet.

Prof. Drosten verwendet in dem von ihm entwickelten Test zum Nachweis des neuen Corona-Virus die Technik der „real-time RT-PCR.“ Er hat hierfür in einem

Datenpool im Internet am 1.1.2020 angebotene, kurze genetische Sequenzen ausgesucht, die SARS-Viren zugeschrieben werden. Auf der Basis dieser Sequenzen von kurzen Genstückchen, die als mögliche Bestandteile von SARS-Viren gedeutet werden, hat er die für die PCR ausschlaggebenden PCR-Primer-Sequenzen entworfen, um damit das „noch" unbekannte Virus in China mit seiner „real-time RT-PCR" nachzuweisen.

Als am 10.1. und 12.1.2020 im Internet vorläufige Zusammenstellungen von Sequenzen erschienen, die nachträglich verändert wurden und am 24.1.2020 und am 3.2.2020 veröffentlicht wurden, stellte dies das Resultat der ersten beiden Versuche dar, das noch unbekannte Virus zu identifizieren. Die Virologen der CCDC* setzten hierfür die Sequenzen kurzer Genstückchen mittels Computerprogrammen theoretisch zu einem möglichen Erbgutstrang zusammen.
Die Virologen der CCDC sagen in beiden Publikationen aus, dass es über diese Sequenz-Vorschläge noch keine Beweise gibt, dass sie tatsächlich Krankheiten auslösen können. Am 10.1. und 12.1.2020 waren die chinesischen Sequenzvorschläge noch vorläufig und waren noch nicht dem strengen Prozess der wissenschaftlich vorgeschriebenen Überprüfung unterzogen worden.

Durch die Tatsache, dass die Weltgesundheitsorganisation (WHO) am 21.1.2020, noch vor Veröffentlichung der Publikationen der beiden ersten chinesischen Sequenz-Vorschläge, den von Prof. Drosten entwickelten PCR-Nachweis-Test für den Nachweis des neuen Virus empfiehlt, ist ein erster Tatbestand bewiesen: Prof. Drosten benützte wissenschaftlich nicht geprüfte Daten für seinen schnell globalisierten PCR-Test des 2019-nCoV, das am 7.2.2020 (Quelle: siehe Anhang 107) unter Mitwirkung von Prof. Drosten in SARS-CoV-2 umbenannt wurde.

* Chinesische Seuchenbehörde; bestehend aus Epidemiologen und Virologen.

Mit der Umbenennung am 7.2.2020 der Bezeichnung von „nCoV" in „SARS-CoV-2", einer bloßen Virus-Vermutung eines eventuell defekten oder harmlosen Virus, in einen gefährlichen Krankheitserreger, wurde in der Öffentlichkeit der Eindruck erweckt, dass in China ein tatsächliches SARS-Virus entdeckt wurde, das eine gefährliche Krankheit, nämlich SARS auslöst und das neue Idol Chinas, Li Wenliang getötet hat, der die Parteiführung in den Schatten stellte.

Damit erfüllten Prof. Drosten und seine Kollegen der Virus-Nomenklatur-Gruppe die Erwartung der bis ins Mark und Bein erschrockenen Bevölkerung: „finally diagnosed", „endlich diagnostiziert." Diese Erwartung wurde durch Eigendynamik der durch Dr. med. Li Wengling ausgelösten Massen-Panik erweckt und durch Prof. Drosten scheinbar erfüllt. Entscheidend bei der Bewertung dieser Tat ist die Tatsache, dass zu diesem Zeitpunkt alle direkt beteiligten Virologen aussagten – und bis heute aussagen –, dass es keine Beweise gibt, dass dieses neue Virus tatsächlich Krankheiten auslöst. Oder nur parallel bei Erkrankungen, bei Heilungsvorgängen, nach Heilungsvorgängen, bei einigen Gesunden, bei vielen Gesunden oder bei allen Menschen auftritt?

Allein hiermit ist bewiesen, dass Prof. Drosten die klar erkennbare Grenze wissenschaftlich gerechtfertigten Handelns zu einer erkennbaren und folgenreichen Betrugstat überschritten hat. Er wird sich auch nicht dadurch herausreden können, dass er zur Veröffentlichung seines Test-Verfahrens am 23.1.2020 eine Zeitschrift nutzte, die seine darin getätigten Aussagen vor Drucklegung nicht überprüfte.

Fazit: Der Test entspringt vollkommener Willkür und hat keine Aussagekraft. Aus diesem Grund können Menschen mal positiv oder mal negativ getestet werden, wie Dr. Drosten selbst feststellt (siehe S. 51). Selbst bei Personen, die Grippe-Symptome haben, kann der Test ein negatives Ergebnis bringen. In der Gebrauchsanweisung, beispielsweise für den SARS-CoV-2 Assay (Panther Fusion® System) steht: „dass man positiv getestet sein kann und trotzdem symptomfrei und gesund sein kann." Aus diesem Grund können Fledermäuse, Hauskatzen, Tiger, Menschen, Ziegen und selbst eine Papaya-Frucht positiv getestet werden. Der Test ist vollkommen nutzlos!

Empfehlenswert hierzu sind auch die Aussagen über den „Corona-Test“ auf Corona_Fakten – diese Plattform finden Sie auf Telegram. (Quelle: siehe Anhang 108).

Das Mundtuch

von Ursula Stoll

„In Zeiten des universalen Betrugs wird das Benennen von Tatsachen ein revolutionärer Akt“.

George Orwell

Mit dem Wissen, aus dem zuvor Geschriebenen, ist klar, dass das Tragen von Masken vollkommen sinnlos ist, auch wenn man an die Existenz von krankmachenden Viren glaubt. In diesem Kapitel möchten wir Ihnen aufzeigen, dass die Benutzung einer sogenannten Atemschutzmaske sogar gesundheitsschädlich ist. Wir lassen ebenfalls Experten zu Wort kommen, die an Viren und deren krankheitsauslösende Eigenschaften glauben.

Die Fakten:
Es gibt drei verschiedene Schutzklassen, die mit dem Klassifizierungssystem, FFP 1-3 („Filtering Face Piece“; übersetzt: Atemschutzmaske) unterteilt werden.

- FFP1-Masken bieten den geringsten Schutz; sie werden hauptsächlich in der Nahrungsmittelindustrie oder im Bauwesen angewendet, um sich vor ungefährlichem Staub oder Gerüchen zu schützen. Sie filtern mindestens 80% der Partikel bis zu einer Größe von 0.6 Mikrometer und sind für eine 4-fache Überschreitung des Arbeitsplatzgrenzwertes zugelassen. FFP1-Masken schützen u.a. gegen ungiftige Stäube, wie z.B. Gips, Kalkstein, Pollen und Zement. Die Masken filtern keine Bakterien und behauptete Viren.
- FFP2-Masken sind für Arbeitsumgebungen geeignet, in denen sich gesundheitsschädliche, atemwegsreizende und erbgutverändernde Stoffe in der Atemluft befinden. Sie schützen beispielsweise vor Rauch, Aerosolen sowie vor festem und flüssigem Staub (z.B. Kalziumoxid, Betonstaub, Granit), der gesundheitsschädlich sein kann. Sie filtern mindestens 94% der in der Luft befindlichen Partikel bis zu einer Größe von 0.6 Mikrometer. Auch diese Masken filtern weder Bakterien noch behauptete Viren.

- FFP3-Masken bieten auch bei hoher Belastung der Atemluft zuverlässigen Schutz. Masken dieser Klasse filtern mindestens 99.5% von Partikeln bis zu einer Größe von 0.6 Mikrometern. FFP3-Masken werden beispielsweise in der Chemieindustrie genutzt, wo die Arbeitsplatzbelastung bis zum 30-fachen des Normalwertes überschritten werden kann. Dementsprechend schützen sie vor giftigen Stäuben von Chrom, Kobalt, Nickel oder Schimmelsporen. Auch diese Masken filtern keine kleinen Ansammlungen bestimmter Gene (RNA- und DNA-Fragmente), die von der Schulmedizin als Viren bezeichnet werden. Denn diese Fragmente sind zirka 1000-fach kleiner als 0.6 Mikrometer. Selbst, wenn man 25 000 dieser kleinen Stückchen (Nukleinsäuren), eng zusammenschließen würde, könnten sie durch jede einzelne offene Stelle der Maske hindurchtreten. Und solch eine Maske hat viele hunderttausend offene Stellen.

Was sagen nun unsere Experten, die an die Wirkung von krankmachenden Viren glauben?

- Prof. Drosten von der Charité in Berlin in einem Interview beim RBB vom 30. Januar 2020: „Mit einer Maske hält man das (Virus) nicht auf. Die technischen Daten dazu sind nicht gut."
- Michael Ryan, WHO-Direktor in den Südtirol News vom 30. März 2020: „Die WHO sieht im Kampf gegen das Coronavirus keinen Nutzen im allgemeinen Mundschutztragen. Es gibt keine Anzeichen dafür, dass damit etwas gewonnen wäre."
- Ulrich Montgomery, Weltärztepräsident: „(Ich trage) nicht irgendeinen Lappen vor dem Gesicht, der mir gesetzlich oktroyiert wird und der sogar gefährlich ist, weil er durch Konzentration von Viren,(....) die sich im Stoff ansammeln, und durch unsachgemäßes Ablegen und Aufsetzen (...) sogar eher zu einer Infektion führt" – Gucken Sie sich mal beim Robert-Koch-Institut die Hinweise zum Anlegen und Abnehmen einer Maske an. Das ist ein hochkomplexer Vorgang, wenn Sie nicht selber dabei Gefahr laufen wollen, sich ebenfalls zu infizieren. Das ist nicht nur einfach so ein Schamlappen vor dem Gesicht, den man so

davor tut wie manche Politiker das darstellen, und deswegen ärgere ich mich darüber, wenn man uns gesetzlich verpflichten will, etwas zu tun, was wissenschaftlicher Unsinn ist. – Eine gesetzliche Pflicht für nicht funktionierende Masken halte ich für ein Armutszeugnis eines Staates, der damit aus seiner Kompetenz konterkariert und sich in meinen Augen lächerlich macht."

Die US Seuchenbehörde (CDC) stellt fest, dass das Tragen von Masken keinen Nutzen habe. Eine Metaanalyse der amerikanischen Seuchenbehörde hat die Effektivität der Atemschutzmaske in der Öffentlichkeit als Schutz vor Influenza (= „Grippe") untersucht und widerlegt: „Wir fanden keinen Beweis, dass chirurgische Gesichtsmasken zum Verringern der Übertragung einer laborbestätigten Influenza wirksam seien, weder wenn sie von Infizierten, noch wenn sie von der allgemeinen Bevölkerung getragen wurden, um deren Empfänglichkeit zu vermindern." (Quelle: siehe Anhang 109).

In ihrer Doktorarbeit hat Ulrike Butz (Universität München) die Rückatmung und die damit zusammenhängenden Auswirkungen von Kohlendioxid bei der Verwendung von Operationsmasken (Typ 3M® OP-Maske 1810F) untersucht. Die Ansammlung von Kohlendioxid unter Operationsmasken wird bei normal atmenden Menschen durch die beeinträchtigte Durchlässigkeit des Materials der Masken verursacht. Die Effekte hat Frau Butz an zwei handelsüblichen Masken und fünfzehn Probanden getestet. Fazit: Die Ansammlung von Kohlendioxid wurde unter jeder untersuchten Operationsmaske gemessen und ergab einen signifikanten CO2-Anstieg. Sobald die Maske angelegt wurde, stiegen auch die Werte für transkutanes CO2 ("durch die Haut hindurch" gemessenes CO2) kontinuierlich an. Das Ergebnis dieser Studie zeigte auch bei beiden Operationsmasken einen signifikanten Kohlendioxid-Anstieg im Blut der Testpersonen. Eine zum Ausgleich benötigte Erhöhung der Atemfrequenz oder ein Abfall der Sauerstoffsättigung wurde dabei nicht beobachtet. Bevor jedoch diese Kompensationsmechanismen (erhöhte Atemfrequenz) benötigt werden, führt ein Kohlendioxid-Anstieg zu Herzrasen, Verwirrtheit, Schwitzen, Kopfschmerzen, Schwindel, Blutdruckanstieg und Konzentrationsproblemen. Steigt das

Kohlendioxid im Blut weiter an, so folgen ein Abfall der Sauerstoffsättigung und eine Erhöhung der Atemfrequenz.

Die Studie soll Hersteller von Operationsmasken dazu aufrufen, Filtermaterialen mit höherer Durchlässigkeit für Kohlendioxid zu verwenden. Der Einsatzbereich der Operationsmasken muss solange kritisch diskutiert werden, um unnötige Tragezeiten zu vermeiden (Quelle: siehe Anhang 110).

Das bedeutet, dass selbst handelsübliche Operationsmasken durch die eingeschränkte Durchlässigkeit zu einem CO2-Anstieg führen. Werden Masken getragen, kann das ausgeatmete Kohlendioxid nur teilweise entweichen, dadurch kommt es unter den Masken zu einer Ansammlung von Kohlendioxid. Alle die jetzt die Masken tragen, sind dem gleichen Effekt ausgesetzt: Man atmet Luft ein, deren Kohlendioxid-Gehalt höher ist als derjenige der umgebenden Raumluft. Das bedeutet, dass der CO2-Gehalt kontinuierlich ansteigt.

Wir wollen Ihnen mit dem hier geschriebenen keine Angst machen – bitte nutzen Sie diese Informationen, entweder um andere Menschen zu unterrichten und/oder um selbst etwas zu unternehmen.

Auch gesunde Menschen können mit dem Mundtuch, wenn es Nase und Mund bedeckt, unter Schwindel, Kopfschmerzen und Konzentrationsstörungen leiden. Die Wenigsten wissen, dass diese Symptome durch das Mundtuch verursacht werden, denn wenn sie wieder daheim sind – ohne Maske – verschwinden die Symptome.

Für kranke Menschen, Kinder und ältere Personen kann das Tragen einer Maske jedoch zu einem schrecklichen Albtraum werden.
Leiden Menschen, beispielsweise unter Asthma oder an einer Lungen- oder Herzkrankheit, fühlt sich das Tragen einer Maske für sie an, als ob sie keine Luft bekommen. Wenn Sie gesund sind, können Sie sich das in etwa so vorstellen: Sie fühlen sich mit Maske als „Dauer-Jogger", obwohl Sie lediglich einkaufen gehen. Auch ältere Menschen, die nicht krank sind, können unter dem Tuch

schlechter atmen. Sie bekommen nicht ausreichend Luft und dies kann zu Erstickungs- und/oder Todesangst führen.

Kindern macht das Tragen von Masken gar nichts aus, solange man es ihnen als Spaß und als Faschings-Kostüm verkaufen kann. Das ist natürlich nur ein paar Stunden bis wenige Tage möglich gewesen und diese Strecke ist schon lange vorbei. Wenn die Masken für die Kinder bitterer Ernst sind, können unterschiedliche Abläufe gestartet werden:
Ein Kind kann Panik bekommen, wenn die Mutter ihre Maske abnimmt und es nun annimmt, dass die Mama sterben muss (Todesangst um die Mutter). Kinder können die Maske als Bedrohung (z.B. Attacke) empfinden, weil ihre Mütter oder Väter sie zwingen, das Mundtuch anzulegen.

Durch die Mundtuchpflicht werden die Kinder Schwierigkeiten haben, die Mimik der Gesichter ihrer Mitmenschen zu deuten – dauerhaft werden sie dadurch eine wichtige soziale Kompetenz nicht ausreichend entwickeln/erlernen können. Im Prinzip retardieren sie dadurch, denn eine gesunde Entwicklung basiert vorwiegend auf der sozialen und emotionalen Intelligenz. Die Entwicklung der sozialen Kompetenz wird u.a. auch dadurch beschnitten, dass man beispielsweise einem Menschen, der hingefallen ist, nicht mehr aufhilft, weil man sich selbst oder den anderen anstecken könnte. Ein Ball auf dem Spielplatz wird einem fremden Kind nicht mehr zugeworfen. Kinder spielen nicht mehr ungezwungen miteinander, weil sie das Gesicht ihres Gegenübers mit dem Tuch nicht erkennen und einschätzen können. Entweder reagieren sie darauf aggressiv oder sie reagieren mit Rückzug. Man beraubt die Kinder ihres wichtigsten Lernfeldes: DEM SPIELEN. Beim Rennen mit Mundtuch sind Kinder schnell außer Atem, dadurch bewegen sie sich nicht mehr in dem Ausmaß, wie sie es gewohnt waren und benötigen. Dadurch, dass der Sport in der Schule und auch alle anderen Sportveranstaltungen untersagt wurden, ist das wichtigste Element zur Gesunderhaltung verboten worden: DIE BEWEGUNG.

Junge Menschen können sich als potenzielle Bedrohung empfinden, weil sie beispielsweise ihre Freunde nicht mehr umarmen dürfen, oder nicht wie gewohnt zwanglos auf dem Spielplatz herumtollen können. Das kann selbstverständlich unterschiedlich von den Kindern empfunden werden: Während das eine Kind dies als Abwertung seiner Selbst empfindet, kann ein anderes Kind mit einer Identitätsproblematik reagieren, sich völlig zurückziehen und/oder sich selbst verletzen.

Kinder können generell Angst vor einer harmlosen Erkältung entwickeln und wenn sie dann tatsächlich einen Schnupfen bekommen, diesen mit einer allgemeinen Furcht oder sogar mit der Angst vor dem Tod verbinden. Wenn sie jemanden ohne Mundtuch sehen und sie Furcht davor haben, angesteckt zu werden, können sie diesen Umstand als Bedrohung in ihrer Reichweite erleben. Sie bekommen Panik für sich selbst und ihre Familie. Ein Kind kann aber auch auf diese Abläufe mit Zwängen reagieren – im Prinzip ist sozusagen alles möglich, es kommt darauf an, wie das Kind (der Mensch) die Zustände empfindet.

Wenn Oma oder Opa plötzlich sterben, kann ein Kind völlig bestürzt sein, weil es sich daran erinnert, dass es einmal nicht die Maske bei einem Besuch getragen hat. Es fühlt sich schuldig/verantwortlich für den Tod von Oma oder Opa. Ein Kind kann dadurch in eine Krise angefüllt mit Selbstvorwürfen gestürzt werden, zusätzlich zum Trennungs- und Verlustschmerz. Wenn das Kind einen großen Bezug zu Oma oder Opa hatte, kann es mit dem Verlustschock des geliebten Menschen und/oder der gefühlten Schuld im schlimmsten Fall suizidal werden.

Wir hoffen sehr, dass mit diesem Überblick mehr Menschen den Blick durch das Teleskop wagen und agieren.

Die Verursacher der Corona-Krise sind eindeutig identifiziert

Virologen, die behaupten es gebe krankmachende Viren sind Wissenschaftsbetrüger und strafrechtlich zu verfolgen.

von Dr. Stefan Lanka

„Wenn das Aufdecken von Verbrechen wie ein begangenes Verbrechen behandelt wird, werden wir von Verbrechern regiert.“
Edward Snowden (1983; US-amerikanischer Whistleblower)

Zusammenfassung

Wissenschaft und Wissenschaftlichkeit sind wichtige Instrumente, die helfen, Herausforderungen zu erkennen und zu lösen. Wissenschaft hat ganz klare Regeln: Wer Behauptungen aufstellt, muss diese klar, nachvollziehbar und überprüfbar beweisen. Nur Aussagen, die überprüfbar sind, dürfen als wissenschaftlich bezeichnet werden, alles andere fällt in das Gebiet des Glaubens. Angelegenheiten des Glaubens dürfen nicht als wissenschaftlich bewiesene Tatsachen ausgegeben werden, um daraus staatliche Maßnahmen abzuleiten oder daraus zu rechtfertigen.

Wissenschaftliche Aussagen müssen widerlegbar sein, falsifizierbar, um sie als wissenschaftliche Tatsachen behaupten zu dürfen. Die erste und schriftlich vorgeschriebene Pflicht eines jeden Wissenschaftlers ist es, seine eigenen Aussagen strikt zu überprüfen, zu versuchen, diese zu widerlegen. Nur in dem Falle, wenn diese Widerlegung nicht gelungen ist und dieses Nicht-Gelingen durch Kontrollversuche eindeutig dokumentiert wurde, darf eine Aussage als wissenschaftlich bezeichnet werden.

Alle Corona-Maßnahmen, die die Regierungen und nachgeordnete Behörden erlassen haben, sind letztendlich durch Gesetze, in Deutschland das Infektionsschutzgesetz (IfSG) geregelt, aber dadurch nur scheinbar legitimiert und eben nicht gerechtfertigt. Mit § 1 IfSG z.B. unterwirft die Soll-Bestimmung „wissenschaftlich“ alle Beteiligte in Deutschland den Regeln der Wissenschaft. Die wichtigste Regel der Wissenschaft ist der dokumentierte und erfolglose Versuch der Widerlegung derjenigen Aussage, die als wahr und als wissenschaftlich ausgegeben wird. Allen wissenschaftlichen Regeln geht die Einhaltung der Denkgesetze und der Logik voran. Werden diese missachtet oder verletzt, ist die wissenschaftliche Aussage ebenso widerlegt wie durch ein erfolgreiches Kontrollexperiment.

Durch Sinn und Wortwahl in allen Publikationen zu allen krankmachenden Viren ist bewiesen, dass die Virologen nicht nur Denkgesetze, Logik und verbindliche Regeln der Wissenschaft verletzen, sondern die Existenz-Behauptungen über krankmachende Viren selbst widerlegt haben. Hat man die hypnotisierende Angstbrille abgesetzt und liest objektiv mit Verstand, was die Autoren tun und schreiben, stellt jeder Interessierte der des Englischen mächtig ist und sich Kenntnis der verwendeten Methoden angeeignet hat fest, dass diese Virologen (ausgenommen sind diejenigen, die mit Phagen und den phagen-ähnlichen Riesenviren arbeiten) normale Gensequenzen als virale Bestandteile fehldeuten und damit ihr ganzes Fachgebiet widerlegt haben. Besonders einfach ist dies im Falle der Existenzbehauptungen des angeblichen SARS-CoV-2-Virus erkennbar.

Da diese Virologen mit ihren Aussagen und durch ihr Tun eindeutig Denkgesetze, Logik und die Regeln wissenschaftlicher Arbeit verletzt haben, sind sie umgangssprachlich als Wissenschaftsbetrüger zu bezeichnen. Da aber Wissenschaftsbetrug im Strafrecht nicht vorkommt und es hier noch keine Präzedenzfälle gibt, schlage ich vor und werde dies auch selbst tun, den Anstellungsbetrug von Virologen – Wissenschaftlichkeit vortäuschen aber anti-wissenschaftlich handeln und argumentieren – gerichtlich und im Strafrecht feststellen zu lassen. Die zuständigen staatlichen Stellen sind aufgefordert, diese anti-wissenschaftlichen Anstellungsbetrüger zu verfolgen, um sie an ihrem anti-wissenschaftlichen und in Folge a-sozialen und gemeingefährlichen Tun zu hindern. Ab dem Zeitpunkt, an dem ein erstes Gericht die unten dargestellten Tatsachen feststellt und den ersten Virologen wegen Anstellungsbetrug verurteilt, ist das Ende der Corona-Krise eingeläutet, gerichtlich besiegelt und die globale Corona-Krise wird sich als Chance für Alle herausstellen.

Einführung

Die Menschheit steht vor einer großen Herausforderung: Die Eigendynamik und Folgen der Angst und der Anti-Biose durch die gelehrte Biologie und die ausführende Medizin, stört und zerstört Umwelt, Pflanzen, Tiere, Menschen und die Wirtschaft. Die Corona-Krise ist nur die sichtbare Spitze eines Eisberges auf Kollisionskurs mit Allen und Jedem. Eine der Ursachen für diese Herausforderung ist der Materialismus, der Versuch das Leben durch rein materielle Modelle zu erklären. Unser heutiger Materialismus wurde in der „nachsokratischen" Antike als ausdrückliche Gegenreaktion auf Angsterzeugung und Machtmissbrauch durch Religionen erfunden. Das ist ein nachvollziehbares, menschliches und humanitär motiviertes Handeln, das aber dramatische Folgen hat. Dieser Materialismus hat die gelehrte Gut-Böse-Biologie, die darauf basierende „herrschende Meinung" in der Medizin und die resultierende Anti-Biose (Antibiotika, Bestrahlung, Chemotherapie, Desinfektion, Einschränkung von Grundrechten, Impfung, Lock-Down, Quarantäne, Social Distancing etc.) hervorgebracht. Immer mehr Menschen, Umwelt und Wirtschaft werden durch diese Ideologie geschädigt. Ihre materialistische Gut-Böse-Theorie, die keine tatsächlichen Grundlagen hat, sondern auf widerlegten Annahmen basiert, entwickelte sich unerkannt zur mächtigsten Religion.

Die materialistische Theorie des Lebens besagt, dass es nur Atome gibt, aber kein Bewusstsein, keine geistigen Kräfte und keinen Beweger, der diese erschaffen und in Bewegung gebracht hätte. Um den Kosmos und das Leben rein materiell erklären zu können, sieht sich unsere „Wissenschaft" gezwungen, einen gewaltigen Knall zu behaupten, bei dem aus dem Nichts alle Atome entstanden seien, die auseinander geflogen sind. Einige Atome würden sich dabei zufällig berühren und Moleküle bilden. Diese Moleküle hätten durch zufälliges Zusammenkommen eine Urzelle gebildet, aus der durch Kampf und Auslese alles weitere Leben entstanden sei. Dies alles soll in grauer Vorzeit unvorstellbarer Zeitlängen geschehen sein, ist deswegen der wissenschaftlichen Überprüfung entzogen und darf deswegen nicht als wissenschaftlich bezeichnet werden.

Die „Theoretische Physik" mit ihren Quantentheorien, die diese Denkweise mit immer größerem Kapitaleinsatz ins immer Kleinere hinein phantasiert, lassen wir hier mal außen vor. Ich verweise für eine bessere, reale und dem einfachen Experiment zugängliche Sichtweise auf das Leben, auf eben diejenige Substanz, aus der das Leben besteht. Es ist die Elementar-Substanz, aus der die Membrane besteht, die sog. Oberflächenspannungs-Membran des Wassers, die Wasser überall dort bildet, wo es Kontakt zu anderen Substanzen oder bei Bewegung und Wirbel, mit sich selbst hat. Diese Substanz hat Aristoteles als Äther bezeichnet und Dr. Peter Augustin in Form der Ursubstanz wieder entdeckt. Japanische Pflanzenphysiologen bezeichneten diese Substanz als PI-Wasser. Diese aus dem Wissen um den Äther/Ursubstanz resultierende Erkenntnisse und Sichtweise lässt auch das vorsokratische Prinzip wieder aufleben, denkbar und vorstellbar werden: Wie im Großen so im Kleinen. Ein Denken in der Atomtheorie erschwert oder verhindert diese Art von Vorstellung und Vorstellungswelten und zwingt, wenn keine anderen Denkmöglichkeiten bekannt sind oder diese verpönt werden, zu Fehlannahmen. Auf einer solchen Fehlannahme basiert die gesamte akademische Vorstellungswelt der Biologie und Medizin.

Im Jahre 1848, als konstruktive Auswirkungen der französischen Revolution in Deutschland eine Chance hatten sich zu entfalten, scheiterten die Umbruchversuche und bewirkten eine dramatische Verhärtung und Verschlechterung des politischen und gesellschaftlichen Lebens. Während sich 1848 der ausschlaggebende Mensch für die jetzige Entwicklung der Biologie und Medizin noch für humane, logische und richtige Maßnahmen zur „Seuchenprophylaxe" einsetzte, passte er sich in den zehn folgenden Jahren den verhärtenden und immer extremer werdenden politischen Bedingungen an. Es ist Rudolf Virchow, der 1858 ohne jegliche wissenschaftliche Grundlage, aber exklusiv auf der Atomtheorie des Demokrit und Epikur basierend, die Zellen-Theorie des Lebens und aller Krankheiten postulierte: Die Zellular-Pathologie.

Rudolf Virchow hat zeitlebens „relevante Tatsachen" der Embryologie und der Gewebelehre unterdrückt, um seine neue Zellen-Theorie als etwas Tatsächliches präsentieren und popularisieren zu können. Dieses Wissen um die Embryologie und Gewebelehre, die Keimblatttheorie des Lebens, ist aber unerlässliche Voraussetzung, um das Leben, seine Entwicklung und vor allem Erkrankungen, Heilungen, Heilungskrisen und Heilungshemmnisse verstehen zu können.

Rudolf Virchow behauptete analog zur Atomtheorie, dass alles Leben aus einer Zelle abstammen würde. Die Zelle sei die kleinste, unteilbare Einheit des Lebens, die gleichzeitig aber auch durch die Bildung von behaupteten Krankheitsgiften, lateinisch Virus, alle Krankheiten hervorbringen würde. Damit wurde die Grundlage gelegt, auf der sich die Gen-, Infektions-, Immun- und Krebstheorien entwickeln mussten, um die Vorgänge des Lebens, Erkrankung und Heilung innerhalb dieser Theorie erklären zu können. Wenn geglaubt weil gelehrt wird, dass alle Vorgänge nur durch materielle Interaktionen hervorgerufen werden und alles Leben aus einer Zelle entstehen würde, sind die Anhänger dieser Sichtweise gezwungen, einen Bau- und Funktionsplan des Lebens, also eine Erbsubstanz anzunehmen und diese als existent zu behaupten.

Die gleiche Zwangslogik ergibt sich für die behaupteten Krankheitsgifte. Wenn die Zelle angeblich Viren=Krankheitsgifte als Krankheitsverursachung produziert, um diese innerhalb und außerhalb des Körpers zu verteilen, muss eine Stelle in einem Individuum behauptet werden, an der und in der dieses Krankheitsgift, das Virus, zum ersten Mal entstanden ist. Wenn diese Denkweise zum Dogma erhoben wird, demgegenüber nichts anderes gelehrt werden darf und andere Sichtweisen als unwissenschaftlich oder Verschwörung gegen den Staat diffamiert werden, schließt sie von vornherein andere Denk- und Vorstellungsmöglichkeiten zur Entstehung von Krankheiten innerhalb eines Körpers oder in einer Gruppe von Menschen aus. Diese Zwangslogik sucht die Ursachen immer nur in den Kategorien von materiellen Defekten oder materieller Bösartigkeit. Dabei wird verschwiegen, dass die Idee des Virus als Krankheitsgift 1951 elegant und wissenschaftlich widerlegt und aufgegeben wurde und daher seit 1952 eine andere Idee erfunden werden musste: Die Idee, dass Viren eine Ansammlung gefährlicher Gene seien. Hier wird wiederum verschwiegen, dass es bis heute keinen tragfähigen wissenschaftlichen Beweis für die Annahme solcher Gen-Ansammlungen gibt, die man als Viren bezeichnen könnte. Die frohe Botschaft ist, dass sich die neue Gen-Virologie, die ab 1954 ihren Aufschwung erfahren hatte, durch ihre eigenen Aussagen, auf tatsächlich wissenschaftliche Art und Weise, also leicht nachvollziehbar und überprüfbar, selbst widerlegt hat. Diese Aussage ist zu 100% richtig, bewiesen und ich stehe für diese Aussage als Virologe, als Wissenschaftler, als Bürger und als Mensch gerade.

Der Übergang von Toxin-Virologie zur heutigen Gen-Virologie

Die Idee der Krankheitsgifte ist noch recht wirksam, da immer noch gefährliche bakterielle Eiweiß-Toxine behauptet werden. Oder Bakterien, wie die als gefährlich behaupteten Korkenzieher-Bakterien, die sich angeblich von der vermuteten Eintrittsstelle über die Nerven bis ins Gehirn bohren würden. Was Virologen, Mediziner und Wissenschafts-Journalisten verschweigen ist die Tatsache, dass die bis 1951 geltende Idee, dass Viren als Eiweiß-Toxine definiert waren, in diesem Jahr aufgegeben werden musste. Um die Annahme und Behauptung von Toxin-Viren zu prüfen und als wissenschaftlich behaupten zu dürfen, wurden zwei Kontrollexperimente durchgeführt:

1. Es wurden gesunde Gewebe der Verwesung ausgesetzt und nicht nur vermeintlich durch Viren geschädigte Gewebe. Dabei wurde festgestellt, dass die bei der Verwesung von gesundem Gewebe entstandenen Eiweiße die gleichen sind, die bei der Verwesung von „Virus-erkranktem" Gewebe entstandenen. Damit war die Virus-Annahme widerlegt.

2. Die Eiweiß-Toxin-Virus-Annahme wurde zusätzlich dadurch widerlegt, dass im Elektronenmikroskop bei „Virus-erkrankten" Menschen, Tieren und deren Flüssigkeiten niemals etwas anderes gefunden und fotografiert werden konnte, als dies bei gesunden Menschen auch der Fall war. Das ist übrigens bis heute so geblieben.

Die klinische, also die medizinische Virologie widerlegte sich mit diesen erfolgreichen Kontrollversuchen selbst und gab sich mit Worten des Bedauerns auf, was aber nur aufmerksamen Lesern von Fachzeitschriften auffiel. Von den Massenmedien wurde diese Tatsache unterdrückt, weil die Hypnotiseure der

Macht die laufenden Impfkampagnen feierten. Obwohl die Viren als Rechtfertigung fürs Impfen verloren gingen, wurden die Impfkampagnen – auch wegen des Schweigens der Gesundheitsbehörden und der „Wissenschaft" – nicht unterbrochen. Die Biologie und Medizin konnte nach der Aufgabe der Virologie innerhalb der rein materiellen Zelltheorie keine andere Erklärung für die als viral definierten Erkrankungen und Phänomene des zeitgleichen oder verstärkten Auftretens von Erkrankungen finden.

So waren die Beteiligten gezwungen, eine neue Theorie zu erfinden, was Viren in Zukunft denn sein sollen. Sie orientierten sich dabei an tatsächlich existierenden Strukturen, die Phagen genannt werden und von Bakterien gebildet werden, wenn diese aus ihrem Milieu entfernt werden und der für sie lebensnotwendige Austausch mit anderen Bakterien und Mikroben verhindert wird. Als junger Student hatte ich das Glück, eine solche Phagen-ähnliche Struktur aus dem Meer zu isolieren, deren Aufbau, Zusammensetzung und Interaktion mit der Umwelt zu studieren. Dies führte mich direkt ins Gebiet der Virologie, denn ich glaubte nichtsahnend, ein harmloses Virus und eine stabile Virus-Wirt-Beziehung zur Erforschung des Ursprungs der Viren entdeckt zu haben. 30 Jahre später wurden und werden ständig neue dieser nun als „Riesenviren" bezeichneten Strukturen entdeckt, von denen in der Zwischenzeit eindeutig bewiesen ist, dass sie am Anfang der Abläufe stehen, mit denen das biologische Leben beginnt bzw. für uns sichtbar wird. Französische Virologen erkennen darin, dass diese Strukturen, neben den Urbakterien, den Bakterien und den Eukaryoten* das vierte Reich des Lebens bilden.

Die irrtümlich als Phagen, also als Bakterienesser und als Riesenviren bezeichneten Strukturen kann man auch als eine Art von Sporen bezeichnen, die Bakterien und einfach organisierte Lebewesen bilden, wenn deren Lebensbedingungen sich so verändern, dass sie sich nicht mehr ideal vermehren oder überleben können. Diese hilfreichen Strukturen bestehen je nach Art immer aus einem exakt gleich langen und exakt gleich zusammen gesetzten Strang aus der sogenannten Erbsubstanz DNA.

* Eukaryoten sind echte Zellen im Sinne der widerlegten Zelltheorie.

Diese Art von DNA ist immer von einer Hülle aus derjenigen dichten Substanz umgeben, aus der das biologische Leben hervorgeht. Das ist der Grund warum „Phagen“ und „Riesenviren“ – nennen wir sie besser Bionten* – leicht isolierbar d.h. aus und von allen anderen Bestandteilen des Lebens anzureichern und zu trennen sind. In dieser isolierten Form können und werden sie regelmäßig biochemisch analysiert. Dabei stellt sich bei jeder biochemischen Charakterisierung heraus, dass die Nukleinsäure einer Art eines „Phagen“ oder „Riesenvirus“ immer exakt die gleiche Länge und immer exakt die gleiche Zusammensetzung hat.

In der Tat waren Phagen jahrzehntelang die einzige Quelle für reine Nukleinsäure (DNA) bei biochemischen Studien. Der im Elektronenmikroskop dokumentierte Vorgang der Aufnahme und Abgabe von DNA in und aus Bakterien wurde als Infektion gedeutet. Völlig beweislos wurde behauptet, dass Phagen quasi Bakterien überfallen, sie vergewaltigen, ihnen ihre Nukleinsäure aufdrängen und die Bakterien deswegen sterben. In Wirklichkeit stellt sich die Situation ganz anders dar. Nur Bakterien, die extrem ingezüchtet werden, also ständig vermehrt werden, ohne dass sie dabei Kontakt zu anderen Bakterien oder Mikroben haben, verwandeln sich, in einem Akt der Metamorphose in Phagen um. Diese Umwandlung wird als Absterben der Bakterien durch Phagen fehlgedeutet. Hingegen wandeln sich Bakterien, die frisch aus ihrer Umgebung isoliert werden, niemals in Phagen um und sterben auch nicht ab, wenn Phagen egal welcher Menge auf sie gegeben werden. Das ist auch der Grund, warum die vielfach zitierte Phagen-Therapie als Ersatz für Antibiotika, um zum Beispiel Schmerzen und andere Symptome zu unterdrücken - wie durch jede andere Vergiftung auch - mit „Phagen“ niemals im gewünschten Sinne und Umfang funktionieren kann und wird.

* Lebenskeim.

Biologie der Phagen und Riesenviren und die dadurch resultierende Widerlegung der Zelltheorie des Lebens

Bei der Alge (Ectocarpus siliculosus), aus der ich ihre „Riesenviren" isolierte, stellt sich diese Situation so dar: Die mobilen Formen der Alge, die Gameten und Sporen, suchen mit ihren beweglichen Geißeln die „Riesenviren" in ihrer Umgebung und nehmen diese „Riesenviren" in sich auf. Dabei integrieren die heranwachsenden Algen die Nukleinsäure der „Riesenviren" in ihre eigenen Chromosomen. Dabei wurde beobachtet, dass es den Algen mit „Riesenviren" besser geht als denen ohne. Niemals wurde beobachtet, dass es den Algen mit „Riesenviren" schlechter ginge als denen ohne. Es werden ständig neue und immer erstaunlichere „Riesenviren" mit immer erstaunlicheren Eigenschaften gefunden und immer mehr Beweise werden geschaffen, dass Bakterien und Mikroorganismen, Amöben und Einzeller aus „Riesenviren" entstehen, in die sie sich wieder verwandeln, wenn deren Lebensbedingungen nicht mehr gegeben sind.

Riesenviren entstehen offensichtlich durch und um Nukleinsäuren herum, die katalytische Aktivitäten entfalten d.h. diese setzen eigenständig Energie frei, synthetisieren weitere Nukleinsäuren, andere Moleküle und Substanzen und generieren dadurch ständig neue Eigenschaften und Fähigkeiten. Die besonders reaktionsfreudigen und vielfältigen Nukleinsäureformen der RNA, Stichwort „Die RNA-Welt", die sich leicht und ständig in DNA verwandeln und wieder zurückverwandeln können, entstehen ebenso im Vorgang der Selbstorganisation des Lebens, ohne uns wissenschaftlich erschließbaren Grund und Ursache. Es materialisiert sich ganz offensichtlich aus dem Wasser heraus, das für uns sichtbare biologische Leben. Es werden immer mehr zelluläre Organismen gefunden, deren Genom zum größten Teil aus den Nukleinsäuren von „Riesenviren" bestehen. Mit der Entdeckung von Phagen, die immer nur bei der Umwandlung extrem ingezüchteter (Inzest-) Bakterienkulturen entstehen und Riesenviren, die sich selbst erhalten, vergrößern und aktiv Stoffwechsel betreiben und der Entdeckung von neuen, aus Riesenviren bestehenden Organismen, wurde bisher dreierlei bewiesen:

I. Die Zelltheorie, dass biologisches Leben nur in Form von Zellen besteht und nur aus Zellen entsteht ist widerlegt.

II. Die Behauptung, dass das biologische Leben in grauer Urzeit entstanden ist, ist widerlegt. Leben entsteht ständig neu und vor unseren Augen, wenn wir nur objektiv und durch keine Dogmen und haltlose Theorien eingeschränkt das Leben betrachten. Es ist bewiesen, dass biologisches Leben, so wie wir es jetzt kennen, überall dort entstehen kann, wo Wasser vorhanden ist und vielleicht auch die Bedingungen, die gleich oder ähnlich sind wie die auf unserem Mutterplaneten Erde.

III. Die negative Deutung, dass die Aufnahme von Nukleinsäuren von „Phagen" und „Riesenviren" in andere Organismen als Infektion und als schädlich gedeutet wurde, ist widerlegt. Diese Beobachtung war aber ab 1952 der Anlass zu glauben, dass es bei Menschen Gen-Viren gäbe, die durch Übertragung ihrer „gefährlichen" Nukleinsäuren Krankheiten erzeugen und für Tod und Verderben verantwortlich gemacht werden können. Dabei wurde bis heute in keinem Menschen, Tier, keiner Pflanze oder deren Flüssigkeiten ein Virus gesehen oder daraus isoliert. Es konnte bis heute nicht mal eine Nukleinsäure isoliert werden, die der Länge und Zusammensetzung der Erbgutstränge der behaupteten, Krankheit verursachenden Viren entsprechen würde, obwohl die Isolation, Darstellung und Analyse der Zusammensetzung von Nukleinsäuren dieser Länge schon lange durch einfachste Standardtechniken möglich ist.

Ein Nobelpreis und seine fatalen Folgen

In isolierter Form können „Phagen" und „Riesenviren" (Bionten) schnell und einfach in großer Anzahl im Elektronenmikroskop fotografiert und alleine schon dadurch deren Grad an Reinheit dokumentiert werden. Die Isolation und das Fotografieren von isolierten und charakterisierten Strukturen ist jedoch bis heute bei keinem der behaupteten krankmachenden Viren gelungen! Bionten (alias Phagen und Riesenviren) werden bei wissenschaftlichen Untersuchungen regelmäßig in den Organismen, durch die sie hervorgebracht werden oder die sie hervorbringen (sic!), in großer Zahl im Elektronenmikroskop gesehen und fotografiert. Dagegen ist das Fotografieren von Strukturen im Elektronenmikroskop, die als krankmachende Viren behauptet werden, in keinem Menschen, Tier, keiner Pflanze oder in Flüssigkeiten daraus, wie Blut, Samen, Speichel etc. bis heute bei keinen der als krankmachenden Viren gelungen und dokumentiert worden! Warum ist das nicht der Fall?

Die elektronenmikroskopischen Aufnahmen angeblicher Viren zeigen ausschließlich Strukturen, die immer nur aus ganz anderen Quellen gewonnen werden. Diese Strukturen wurden, wie sehr leicht anhand der Publikationen nachvollziehbar und überprüfbar ist, niemals isoliert, weder biochemisch charakterisiert noch als Quelle für die kurzen Stückchen an Nukleinsäuren benutzt, aus denen die Virologen NUR GEDANKLICH eine lange Nukleinsäure konstruieren, die als angeblicher Erbgutstrang eines Virus ausgegeben wird.

Aus allen Arten von „Phagen“ und „Riesenviren“ können jedes Mal die jeweils exakt gleich langen und exakt gleich zusammen gesetzten Nukleinsäuren gewonnen werden. Noch nie ist es gelungen, eine Nukleinsäure (DNA oder RNA) aus einer Struktur oder aus einer Flüssigkeit zu isolieren, deren Länge und Zusammensetzung dem entsprechen würde, was die Virologen als den Erbgutstrang eines krankmachenden Virus ausgeben.

Warum und weswegen sich die Virologen komplett in eine völlig von der Realität entfernte und gefährliche Anti-Wissenschaftlichkeit verrannt haben, wird durch die Abfolge dessen klar, was zwischen 1951 und dem 10.12.1954 geschah.
Nachdem die medizinische Virologie 1951 durch Kontrollversuche erledigt wurde, wurden ab 1952 die Phagen der Bakterien zum Vorbild der hartnäckig sich haltenden Ideologie, wie „krankmachende Viren“ aussehen sollen: Eine Nukleinsäure bestimmter Länge und Zusammensetzung, umgeben von einer Hülle, bestehend aus einer bestimmten Anzahl bestimmter Eiweiße. Aber: Mangels elektronenmikroskopischer Aufnahmen von „krankmachenden Viren“ in Menschen/Tieren/Pflanzen, mangels elektronenmikroskopischer Aufnahmen von „krankmachenden Viren“ in isolierter Form, mangels biochemischer Cha-

rakterisierung der Bestandteile von „krankmachenden Viren", mangels ihrer Isolation, waren und sind die Virologen bis heute gezwungen, einzelne Bestandteile aus vermeintlich „viral" erkrankten Gewebe, gedanklich und grafisch zu Viren zusammen zu setzen und diese geistigen Produkte sich selbst und der Öffentlichkeit als existente Viren vorzutäuschen!!

Die Virologen, die krankmachende Viren behaupten, beziehen sich zentral auf eine einzige Publikation, mit der sie ihr Tun rechtfertigen und als wissenschaftlich ausgeben. Dabei ist dieses Tun leicht als irrsinnig und anti-wissenschaftlich erkennbar. Die Autoren, die diese Überlegungen am 1.6.1954 veröffentlichten, haben ihre Beobachtungen explizit als in sich widerlegte Spekulationen bezeichnet, die erst noch in Zukunft zu überprüfen sei. Zu dieser Überprüfung in der Zukunft kam es bis heute nicht, denn der Erst-Autor dieser Studie, Prof. John Franklin Enders bekam am 10.12.1954 den Nobelpreis für Medizin. Er bekam den Nobelpreis für eine andere Spekulation innerhalb der alten, im Jahr 1951 widerlegten „Viren sind gefährliche Eiweiß-Toxine"-Theorie. Mit dem Nobelpreis wurde zweierlei bewirkt: Die alte, widerlegte Toxin-Virus-Theorie bekam einen pseudo-wissenschaftlichen Heiligenschein und die neue Gen-Virologie die höchste, anscheinend wissenschaftliche Ehre.

Die neue Gen-Virologie ab 1952 hat zwei zentrale Grundlagen: Krankmachende Viren sind im Prinzip so aufgebaut wie Phagen und sie würden entstehen, wenn Zellen im Reagenzglas sterben, nachdem ihnen vermeintlich infiziertes Probenmaterial zugesetzt wird. Enders und seine Kollegen etablierten mit ihrer einzigen Publikation vom 1.6.1954 die Idee, dass Zellen, die im Reagenzglas nach Zugabe vermeintlich infizierten Materials sterben, sich in Viren verwandeln würden. Dieses Sterben wird gleichzeitig als Isolation des Virus – weil vermeintlich etwas von außen ins Labor gebracht wird –, als die Vermehrung des vermuteten Virus ausgegeben und die absterbende Zellmasse als Impfstoff verwendet. Dabei haben Enders, seine Kollegen und alle Virologen übersehen (wegen Verblendung durch den Nobelpreis), dass das Sterben der Zellen im Labor nicht durch ein Virus ausgelöst wird, sondern weil die Zellen im Labor unbeabsichtigt und unbemerkt aber systematisch getötet werden. Durch Vergiftung mit zelltoxischen Antibiotika, durch extremes Verhungern mittels Entzug der Nährlösung und durch Zugabe von verwesenden, also sich zersetzenden und dabei giftigen Stoffwechselprodukte freisetzenden Eiweißen.

Bestandteile aus solcherart, im Labor sterbenden Zellen werden bis heute gedanklich zu einem Virus zusammengesetzt und als Realität ausgegeben. So einfach ist die Virologie krankmachender Viren. Enders und die „Virologen" haben niemals, bis heute nicht, die Kontrollversuche durchgeführt, die Zellen im Labor mit sterilem Material zu „infizieren." Sie sterben im Kontrollexperiment auf exakt gleiche Art und Weise als mit vermeintlich „viralem" Material.

Kurze, eindeutige und leicht nachvollziehbare Widerlegung der Behauptungen aller krankmachender Viren

Irrtum und Selbsttäuschung sind menschlich, nachvollziehbar und entschuldbar. Was nicht entschuldbar ist, das sind die ständigen Behauptungen der Virologen, dass ihre Aussagen und ihr Tun wissenschaftlich seien. Das ist eindeutig falsch, leicht nachweislich und für jeden nachvollziehbar. Deswegen sind die Virologen, die Corona-Viren oder andere krankmachende Viren behaupten als Anstellungsbetrüger zu bezeichnen und mittels rechtstaatlicher Mittel zu verfolgen, damit sie ihre falschen, widerlegten und gefährlichen Aussagen zurück nehmen. So können und werden die Corona-Krise und andere „virale" Katastrophen mit resultierenden tödlichen Folgen wie „AIDS", „Ebola" und andere haltlose „virale" Pandemien, nicht nur gestoppt, in Zukunft verhindert, sondern in eine Chance für alle verwandelt werden.

Die Definition, was als wissenschaftliche Aussage bezeichnet werden darf, und die daraus resultierenden Pflichten sind eindeutig definiert. Zusammen gefasst:

A. Jede wissenschaftliche Behauptung muss überprüfbar, nachvollziehbar und widerlegbar sein.
B. Nur wenn die Widerlegung einer wissenschaftlichen Aussage durch Denkgesetze, Logik und wenn anwendbar, durch Kontrollexperimente nicht gelungen ist, darf eine Aussage als wissenschaftlich bezeichnet werden.

C. Jeder Wissenschaftler ist verpflichtet, seine Aussagen selbst zu überprüfen und zu hinterfragen.

Weil die Virologen diese Überprüfung nie selbst vorgenommen haben und sich aus nachvollziehbaren Gründen davor sträuben dies zu tun – wer möchte sich, sein Tun, seine Reputation schon selbst widerlegen – tun wir dies öffentlich mit sieben Argumenten. Dabei ist jedes einzelne Argument alleine für sich ausreichend, die Existenz-Behauptungen aller „krankmachenden Viren“ und das Tun dieser Art von Virologen (ausgenommen sind Forscher, die sich mit den existenten „Phagen“ und „Riesenviren“ beschäftigen) zu widerlegen. In den nachfolgenden Punkten wird das Wort „Virus“ statt der Wortkombination „krankmachendes Virus“ benützt.

1. Die Tatsache der Ausrichtung = Alignment

Virologen haben nie einen kompletten Erbgutsstrang eines Virus isoliert und direkt, in seiner gesamten Länge dargestellt. Sie benützen IMMER nur sehr kurze Stückchen von Nukleinsäuren, deren Abfolge aus vier Molekülen, aus denen Nukleinsäuren bestehen und die sie als Sequenz bezeichnen. Aus einer Vielzahl von Millionen solcherart bestimmter, sehr kurzer Sequenzen, setzen Virologen gedanklich, mit Hilfe aufwendiger rechnerischer und statistischer Methoden, einen fiktiven langen Erbgutstrang zusammen. Diesen Vorgang nennen sie Alignment, was Ausrichtung bedeutet.

Das Resultat des aufwendigen Alignments, der fiktive und sehr lange Erbgutstrang, geben Virologen als das Herzstück eines Virus aus und behaupten, damit die Existenz eines Virus nachgewiesen zu haben. So ein kompletter Strang taucht aber in der Wirklichkeit und in der wissenschaftlichen Literatur nie als Ganzes auf, obwohl die einfachsten Standardtechniken schon lange vorhanden sind, um die Länge und Zusammensetzung von Nukleinsäuren einfach und direkt zu bestimmen. Durch die Tatsache der Ausrichtung/Alignment, anstatt eine entsprechend lange Nukleinsäure direkt zu präsentieren, haben sich die Virologen selbst widerlegt.

2. Die Tatsache der fehlenden Kontrollexperimente zum Alignment / Ausrichtung

Virologen haben niemals mit ebenso sehr kurzen Nukleinsäuren aus Kontrollversuchen ein Alignment/Ausrichtung durchgeführt und dokumentiert. Hierfür MÜSSEN sie aus dem exakt gleichen Zellkultur-Prozedere die kurzen Nukleinsäuren isolieren, mit dem Unterschied, dass die vermutete „Infektion" nicht durch Zugabe von vermeintlich „infizierten" Proben geschieht, sondern mit sterilen Materialien oder sterilisierten Proben, die „kontroll-infiziert" wurden.

Diese logischen und zwingend vorgeschriebenen Kontrollversuche sind niemals durchgeführt und dokumentiert worden. Damit alleine haben die Virologen bewiesen, dass ihre Aussagen keinen wissenschaftlichen Wert haben und NICHT als wissenschaftliche Aussagen ausgegeben werden dürfen.

3. Alignment/Ausrichtung erfolgt nur mittels gedanklicher Konstrukte

Um die sehr kurzen Sequenzen der verwendeten Nukleinsäuren gedanklich/rechnerisch zu einem langen Genom zusammen setzen zu können, benötigen die Virologen eine Vorlage, um die kurzen Sequenzen zu einem sehr langen, angeblich viralen Erbgutstrang auszurichten. Ohne eine solche vorgegebene, sehr lange Sequenz ist es keinem Virologen möglich einen viralen Erbgutstrang gedanklich/rechnerisch zu erstellen. Virologen argumentieren damit, dass der gedanklich/rechnerisch konstruierte Erbgutstrang deswegen von einem Virus stammt, weil die Ausrichtung/Alignment mittels eines anderen, vorgegebenen viralen Erbgutstranges erfolgte.

Dieses Argument der Virologen ist dadurch kurz und eindeutig widerlegt, weil alle Vorlagen mit denen neue Erbgutstränge gedanklich/rechnerisch erzeugt wurden, selbst und ausschließlich gedanklich/rechnerisch erzeugt wurden und nicht aus einem Virus stammen.

4. Viren wurden niemals in einem Menschen/Tier/einer Pflanze oder in Flüssigkeiten daraus gesehen

Virologen behaupten, dass infektiöse, also intakte Viren sich in großer Zahl im Blut und Speichel befinden sollen. Deswegen sollen z.B. in der Corona-Krise alle Menschen eine Maske tragen. Bis heute ist aber kein einziges Virus in Speichel, Blut oder an anderen Stellen in Mensch/Tier/Pflanze oder Flüssigkeiten fotografiert worden, obwohl elektronenmikroskopische Aufnahmen heute eine leichte und routinemäßig durchgeführte Standardtechnik sind.

Allein durch diese eindeutige und leicht überprüfbare Tatsache, dass es keine Aufnahmen von Viren in Mensch/Tier/Pflanze oder Flüssigkeiten daraus gibt, sind alle Virus-Behauptungen widerlegt. Etwas, was niemals in Mensch/Tier/Pflanze oder Flüssigkeiten daraus gesehen wurde, darf nicht als wissenschaftlich bewiesene Tatsache ausgegeben werden.

5. Die Zusammensetzung der Strukturen, die Virologen als Viren ausgeben, sind niemals biochemisch charakterisiert worden

Es gibt zwei verschiedene Techniken, mit denen Virologen Fotos angeblicher Viren herstellen. Für die Durchsicht- (Transmissions-) Elektronenmikroskopie verwenden sie Zellkulturen, die sie in Kunstharz einbetten, in dünne Schichten schaben und hindurchsehen. Partikel, die sie in solchen Aufnahmen zeigen, wurden nie isoliert und deren Zusammensetzung biochemisch bestimmt. Es müssten ja alle Eiweiße und der lange Erbgutstrang gefunden werden, der den Viren zugesprochen wird. Weder das, noch die Isolation solcher eingebetteter Teilchen und die biochemische Charakterisierung ihrer Zusammensetzung taucht in einer einzigen Publikation von Virologen auf. Damit ist die Behauptung der Virologen widerlegt, dass es sich bei solchen Aufnahmen um Viren handeln würde.

Die andere Methode, mit denen Virologen Viren im Elektronenmikroskop fotografieren, ist die einfache und schnelle Aufsichts-Elektronenmikroskopie, die als „Negative Staining" bezeichnet wird. Um tatsächlich existierende Strukturen, wie z.B. „Phagen" und „Riesenviren" zu konzentrieren, von allen anderen

Bestandteilen zu trennen, was dann als „Isolation" bezeichnet wird, wird eine Standard-Technik hierfür, die Dichte-Gradienten-Zentrifugation benutzt. Die Sichtbarwerdung von Anwesenheit, Aussehen und Reinheit dieser isolierten Strukturen im Elektronenmikroskop wird dadurch erreicht, dass diese Partikel mit einem metallhaltigen Stoff überzogen werden und die darunter liegenden Strukturen im Elektronenstrahl als Schatten erscheinen. Der andere Teil der isolierten Partikel, die mittels „Negative Staining" sichtbar gemacht wurden, wird biochemisch charakterisiert. Dabei werden im Falle aller Phagen und Riesenviren, immer die jeweils intakten, immer gleichen, immer sehr langen und gleich zusammen gesetzten Nukleinsäuren gefunden und das Ergebnis der biochemischen Charakterisierung dokumentiert.

Im Falle aller Viren, die mittels dieser Technik, dem „Negative Staining" als Viren ausgegeben werden, ist folgendes geschehen. Diese Partikel werden nicht mit der hierfür vorgesehenen Dichte-Gradienten-Zentrifugation angereichert, gereinigt und isoliert, sondern durch einfache Zentrifugation auf den Boden des Zentrifugenröhrchens sedimentiert, was als „Pelletierung" bezeichnet wird und anschließend im Elektronenmikroskop betrachtet. Die Zusammensetzung solcherart als Viren ausgegebenen Strukturen wurde bis heute niemals biochemisch bestimmt. Mit dieser einfach zu überprüfenden und nachvollziehbaren Aussage anhand aller Publikationen von Virologen, in denen Strukturen in der Aufsichts-Elektronenmikroskopie als Viren ausgegeben werden, haben die Virologen auch dieses Argument der Virus-Existenz-Behauptung einfach und elegant – ohne dies zu bemerken –selbst widerlegt.

6. Elektronenmikroskopische Aufnahmen, die als Viren ausgegeben werden, sind bekannte typische Artefakte oder zelleigene Strukturen

Virologen veröffentlichen eine Vielzahl von elektronenmikroskopischen Aufnahmen von Strukturen, die sie als Viren ausgeben. Dabei verschweigen sie die Tatsache, dass ALLE diese Aufnahmen nur typische Strukturen sterbender Zellkulturen sind oder im Labor hergestellte Eiweiß-Fett-Seifen-Bläschen darstellen und NIEMALS in Mensch/Tier/Pflanze oder Flüssigkeiten daraus fotografiert wurde.

Andere Forscher als Virologen bezeichnen die gleichen Strukturen, die Virologen als Viren ausgeben, entweder als typische Zellbestandteile wie Villi (amoebenartige Ausstülpungen mit denen sich Zellen am Untergrund festhalten und sich fortbewegen), als Exosomen oder „virus-ähnliche-Partikel“. Damit ist ein weiterer, eigenständiger Beweis entstanden, dass die Aussagen der Virologen, im Elektronenmikroskop Viren zu sehen, wissenschaftlich widerlegt wurden.

7. Die Tierversuche der Virologen widerlegen die Virus-Existenz-Behauptungen

Virologen führen Tierversuche durch, um zu beweisen, dass die Substanzen, mit denen sie arbeiten, Viren seien und Krankheiten verursachen können. Anhand jeder einzelnen Publikation, in der solche Tierversuche durchgeführt wurden, ist eindeutig zu erkennen, dass die Art und Weise, wie die Tiere behandelt werden, exakt die Symptome hervorbringen, die als Wirkung des Virus ausgegeben wird. Aus jeder einzelnen dieser Publikationen ist ersichtlich, dass keine Kontrollversuche durchgeführt wurden, bei denen die Tiere mit sterilisiertem Ausgangsmaterial auf die gleiche Art behandelt worden wären.
Diese zwei offen daliegenden Tatsachen widerlegen die Virologen, die behaupten, dass sie die Anwesenheit und Wirkung von Viren im Tierexperiment festgestellt hätten.

Schlussbemerkung

Es gilt nun, um die Corona-Krise zu beenden und in eine Chance für Alle zu verwandeln, diese eindeutigen, leicht nachvollziehbaren und überprüfbaren Widerlegungen der Virologie öffentlich und wirksam zu machen. Wirksam werden diese Widerlegungen zum Beispiel, indem die geeigneten Rechtsmittel gegen Virologen in der Justiz angewandt und die Resultate öffentlich gemacht werden. Wir werden Sie über unseren Wissenschafft-Plus-Verteiler informieren, wenn wir hierbei spruchreife Resultate mitzuteilen haben.

Ich garantiere mit meinem Namen, dass jeder, der diese Aussagen an einem beliebigen „krankmachenden Virus“ überprüfen möchte, zu exakt den gleichen Schlussfolgerungen kommen wird, wenn sie/er des Englischen mächtig ist und sich in die Methoden eingelesen hat. Vorsorglicher Hinweis: Solange die Corona-Krise anhält, beantworten meine Kollegen und ich nur Anfragen in Bezug auf angebliche sog. Corona- und Masern-Viren. Für Anfragen über alle anderen „Viren“ verweise ich während der Corona-Zeit auf die im Magazin WissenschafftPlus seit 2003 erschienenen Beiträge hierzu.

Behalten Sie bitte bei Ihrem Tun nicht nur im Hinterkopf, dass das höchstrichterlich bestätigte Urteil im Masernvirus-Prozess der gesamten Virologie die Grundlage entzogen hat. Es wurde gerichtlich festgestellt und ist damit Bestandteil der Deutschen Rechtsprechung, dass die Publikation der zentralen Methode der Virologie vom 1.6.1954, in der als Beweis für die Existenz von krankmachenden Viren das unbeabsichtigte und unbemerkte Töten von Zellen im Labor veröffentlicht wurde, ab dem Jahr 2016 kein Beweis für die Existenz eines Virus mehr darstellt!

Die Corona-Krise hat die Chance erhöht, dass allein das Urteil des Masern-Virus-Prozesses die Wende aus dem heute in Biologie, Medizin, Gesellschaft und Staat dominierenden Gut-Böse-Denken und -Handeln bewirken kann. Vielleicht reicht schon die Anwendung eines, mehrerer oder aller sieben oben aufgezeigten Argumente auf SARS-CoV-2, um die in meinen Augen vorhersehbare Eigendynamik der globalen Corona-Hysterie und der sie ölenden Geschäftemacherei mit Testverfahren und Impfstoffen zu beenden. Ich verweise in Bezug auf den Masern-Virus-Prozess und generell auf die Internet Seite Corona-Fakten auf dem Portal Telegram. Hier gibt es eine sehr gute Zusammenfassung der Vorgänge über die Bedeutung des Masern-Virus-Prozesses und auch anderer Texte, die sehr gut sind.

Mein Optimismus, dass die Corona-Krise sich als eine Chance für Alle erweisen wird, gründet in § 1 Infektionsschutzgesetze, abgekürzt IfSG. In § 1 IfSG „Zweck des Gesetzes“ steht in Satz (2): „Die hierfür notwendige Mitwirkung und Zusammenarbeit von Behörden des Bundes, der Länder und der Kommunen,

Ärzten, Tierärzten, Krankenhäusern, wissenschaftlichen Einrichtungen sowie sonstigen Beteiligten soll entsprechend dem jeweiligen Stand der medizinischen und epidemiologischen Wissenschaft und Technik gestaltet und unterstützt werden. Die Eigenverantwortung der Träger und Leiter von Gemeinschaftseinrichtungen, Lebensmittelbetrieben, Gesundheitseinrichtungen sowie des Einzelnen bei der Prävention übertragbarer Krankheiten soll verdeutlicht und gefördert werden."

Alle Corona-Maßnahmen und Verordnungen, mittlerweile auch Corona-Gesetze, haben exklusiv und alleinig das Infektionsschutzgesetz (IfSG) als Grundlage. Da aber die „Soll-Bestimmung in § 1 IfSG „soll entsprechend dem jeweiligen Stand der medizinischen und epidemiologischen Wissenschaft und Technik gestaltet und unterstützt werden" durch die publizierten Aussagen der Virologen selbst widerlegt und als anti-wissenschaftlich bewiesen wurde, fehlen allen Corona-Maßnahmen, -Verordnungen und -Gesetzen die rechtlichen Grundlagen, um angewandt zu werden.

Niemand der in § 1, Satz (2) angesprochenen Träger und Leiter von Gemeinschaftseinrichtungen, Lebensmittelbetrieben, Gesundheitseinrichtungen sowie des Einzelnen, also jeder Bürger, der durch Gesetze angesprochen wird, darf Corona-Maßnahmen und -Verordnungen ausführen und dulden, wenn sie erkannt haben und beweisen können, dass Virologen keine wissenschaftlichen Beweise für die Existenz von krankmachenden Viren haben, sondern sich selbst, durch ihr eigenes Tun und Publizieren widerlegt haben.

Solange die Verpflichtung zur Wissenschaftlichkeit in § 1 IfSG erhalten bleibt, ist es mit Bezugnahme auf § 1 IfSG möglich, vor Gerichten die Beweise der Haltlosigkeit, Rechtlosigkeit, Schädlichkeit und Sittenwidrigkeit aller Corona-Maßnahmen, -Verordnungen und -Gesetze mit Erfolg vorzutragen. Die Mehrheit der Richter sind ehrlich und gewissenhaft, folgen Gesetz&Recht, denn sonst würde in diesem Land schon lange eine offene Diktatur herrschen, die sich immer sichtbarer, mittels pseudowissenschaftlicher und widerlegter Argumente aus der Virologie und Medizin heraus aufbauen möchte.

Bitte beachten Sie bei Ihrem Tun Folgendes: Die Mehrheit der Bevölkerung glaubt an die Existenz, das Wirken krankmachender Viren und an die positive Wirkung von Impfstoffen. Ganz drastisch ausgedrückt: Wer an Krebs als der Wirkung eines unverstandenen Prinzips des Bösen glaubt, glaubt auch an Metastasen, glaubt an „fliegende Metastasen", alias Viren. Das direkt und indirekt erfahrene Leid eines fast jeden Menschen mit den negativen Folgen von Krebs-Diagnosen und ihren schwerwiegenden Behandlungen sitzt tief und wirkt. Bitte berücksichtigen Sie bei Ihrer Aufklärung und Ihrem Tun, dass alleine dieses direkt und indirekt erfahrene Leid in Menschen das Gefühl, die Gewissheit erschaffen und gestärkt hat, dass es gefährliche und tödliche Erkrankungen und auch Viren gibt. Beachten Sie, dass aus solchen und anderen Erfahrungen die Sichtweise resultieren kann, dass nur unser Staat und seine Spezialisten in der Lage sind, damit umzugehen und damit umgehen zu dürfen. So können Sie vermeiden, dass Ihr Tun das Gegenteil bewirkt. Das ist besonders beim Umgang mit Ärzten wichtig, die wir alle benötigen.

Ich zum Beispiel erkläre jedem fragenden Menschen, dass es ein besseres Erkenntnissystem gibt, das (im positiven Sinne) wissenschaftlich diejenigen Vorgänge erklärt, die zu Erkrankungen und Heilung führen und dass dabei Heilungskrisen vorkommen und Heilungshemmnisse wirken können. Um aber diese neue Sichtweise annehmen zu können, ist oftmals Voraussetzung, dass das bisherige, auf der Zellen-Lehre basierende Erklärungssystem als widerlegt erkannt wird. Die Corona-Krise ist hierfür eine einmalige Chance und der eindeutige Ruf, sich für Leben, und die drei universellen Menschheitsideale der Freiheit, der Gleichheit und der Brüderlichkeit, also die soziale Dreigliederung menschlicher Gemeinschaften einzusetzen. (Siehe hierzu den Beitrag in der Ausgabe von w+ 4/2020, „Die soziale Dreigliederung").
(Quelle: siehe Anhang 111).

Warum werden wir krank?

von Ursula Stoll

„Probleme kann man niemals mit derselben Denkweise lösen, durch die sie entstanden sind."

Albert Einstein

Wenn Sie das Buch bis zu diesem Abschnitt gelesen haben, sind Sie sicherlich bereit dazu, durch das Teleskop zu schauen, um das GANZE betrachten zu können.

In diesem Kapitel möchten wir Ihnen einen Einblick in die Universalbiologie ermöglichen. Nur mit diesem Verständnis werden Sie in die Lage versetzt, das Prinzip des Lebendigen zu erfassen und damit können Sie die komplexen biologischen Vorgänge und Zusammenhänge verstehen. Mit diesem Wissen haben Sie die Möglichkeit, die mechanistische Kausalketten-Denkweise in den Kategorien „Gut und Böse" abzulegen und einzutauchen in ein BEGREIFEN, dass Sie von Ihren Ängsten befreit. Sie erhalten in diesem Abschnitt die Chance, Ihre Furcht vor Krankheiten, Ansteckung oder krankmachenden Viren dauerhaft abzulegen.

Damit Sie unten folgendes Exempel fühlen können, haben wir ein Beispiel genommen, in dem Sie sich eine Szene wie im Film - ihrem Lebensfilm - vorstellen können. Außerdem werden Sie bald erkennen können, dass selbst Menschen, die noch an krankmachende Viren/Bakterien glauben, sicherlich ebenfalls einer ganzheitlichen Behandlungsmethode den Vorzug schenken würden.

Die verschiedenen Formen der Lungenentzündungen*

Die Definition von SARS und Corona oder Covid-19 besagt, dass eine atypische Lungenentzündung als das Krankheitsbild angesehen wird, das die Krankheit charakterisiert. Können bei einer Lungenentzündung bekannte Erreger nachgewiesen werden, wird die Lungenentzündung als eine typische bezeichnet, wenn nicht als eine atypische. Eine von zwei entscheidenden Tatsachen für die SARS und die Corona-Krise ist, dass mindestens 20–30% aller Lungenentzündungen atypisch sind. Die Ursachen für die atypischen Lungenentzündungen sind ganz klar bekannt und dürfen deswegen NICHT als Ursache eines unbekannten Virus ausgegeben werden. Diese Tatsache wird von Infektiologen und Virologen unterdrückt und ist Grundlage der aktuellen Angsterzeugung und Panik, weil bei Betroffenen, in der Öffentlichkeit und bei Politikern der Eindruck entsteht, dass atypische Lungenentzündungen deswegen besonders gefährlich seien und häufiger tödlich enden würden, weil es noch keine Medikamente oder Impfstoffe für die angeblich neuartige Krankheit gibt. Ab dem Zeitpunkt, ab dem ein Testverfahren für das angeblich neue Virus angeboten wird, das auch gesunde Menschen „positiv" testet, was von Beteiligten verschwiegen wird, werden die Fallzahlen automatisch gesteigert. Zuerst werden auch Menschen mit typischen Lungenentzündungen, dann immer mehr Menschen mit anderen Krankheiten erfasst. Dies gilt als praktischer Beweis für die Ausbreitung des Virus. Automatisch werden zu der Ursprungserkrankung „atypische Lungenentzündung" immer mehr andere Krankheiten hinzu addiert und dieses „Syndrom" als „die neue Virus-Krankheit" ausgegeben.

Das ist jedoch nicht richtig, da kein wissenschaftlicher Beweis vorliegt, dass ein Virus die Erkrankung auslöst. Es ist und bleibt nur eine Annahme, eine Hypothese der Schulmedizin. Zum anderen kann häufig aufgrund vieler Medikamentengaben nicht mehr unterschieden werden, worunter die Betroffenen leiden: Ist es die Erkrankung oder sind es die Nebenwirkungen? So reihen die Schulmediziner oft auch die Nebenwirkungen der Medikamente, unter denen die Betroffenen leiden, in das Krankheitsbild mit ein.

* Mit dem Wissen um die Universalbiologie kennen wir zwei Formen der Lungenentzündung: Eine betrifft die Bronchien, die andere Art betrifft das Bindegewebe. Sie treten jeweils in der Wiederherstellungsphase auf. Fälschlicherweise wird von der Schulmedizin die Tuberkulose auch manchmal als Lungenentzündung bezeichnet; die Tuberkulose betrifft jedoch auf der körperlichen Ebene die Lungenbläschen oder die Becherzellen.

Mit dem Wissen der Universalbiologie können die Ursachen, der Verlauf sowie die Dauer der Erkrankungen klar definiert werden. Aus diesem Grund ergibt sich ein ganzheitliches Behandlungskonzept.

Hier ein Beispiel:
Stellen Sie sich bitte Folgendes vor:

Es ist Mitte März 2020. Sie sind 55 Jahre alt und arbeiten bei einer größeren Firma in der Automobilbranche im Büro. Sie sind gerne arbeiten gegangen, weil der Job Ihnen wirklich gefällt und Sie mit Ihren Arbeitskollegen gut klarkommen. Seit ein paar Monaten jedoch, verhält sich der Chef Ihnen gegenüber sehr ruppig und arrogant. Vor ein paar Monaten hat er Ihnen wortlos einen Stapel Papiere auf den Tisch geknallt. Das hat Sie richtig wütend gemacht und Sie waren in dem Moment sprachlos. Das Ganze ärgert Sie zunehmend, zumal der Chef nicht mehr mit sich reden lässt. Sie fühlen sich zunehmend in der Firma nicht mehr wohl. Aus diesem Grund geht es Ihnen besser, wenn Sie endlich nach Hause gehen können. Die Werktage werden Ihnen zum Graus. Sie leiden verstärkt unter Durchfällen, vornehmlich an den Wochenenden. Wenn Sie am Montag ins Büro fahren, werden die Durchfälle langsam weniger, aber jeden Freitag kommen sie wieder pünktlich zurück; am Wochenende sind die Durchfälle besonders schlimm. Zu diesem ganzen Übel kommt auch noch die Corona-Krise hinzu und damit die ständige Angst, dass die Firma Kurzarbeit anmelden muss. Und dann auch noch der unbekannte Virus und die Angst davor, dass man sich anstecken kann.
Da Sie schon seit über zwei Monaten unter den Durchfällen leiden, vereinbaren Sie einen Termin bei Ihrem Hausarzt.

Szenario 1: Wie es lief: Die Behandlung der Schulmedizin (materialistisches Weltbild):
Der Hausarzt empfängt Sie mit Mundschutz und Handschuhen und gibt Ihnen nicht wie gewohnt die Hand. Er erkundigt sich nach Ihren Beschwerden. Sie berichten ihm, dass Sie seit zwei Monaten Durchfall haben. Der Arzt macht einen besorgten Gesichtsausdruck und nimmt Ihnen Blut ab. Er sagt, dass es wichtig ist, das Ganze genauer abzuklären und aus diesem Grund gibt er Ihnen

einen Behälter für eine Stuhlprobe. Seine Entgegnung: „Wir müssen herausfinden, ob im Stuhlgang verstecktes Blut ist". Sie sagen, dass Sie nichts gesehen haben. „Das bedeutet gar nichts. Das Blut muss nicht unbedingt für das Auge sichtbar sein. erklärt er. Aus diesem Grund wird Ihr Stuhlgang im Labor untersucht. Die finden das schon heraus." Außerdem sei es wichtig, dass Sie eine Darmspiegelung machen lassen." Er stellt Ihnen hierfür eine Überweisung aus. „Alles Weitere besprechen wir dann, wenn die Ergebnisse der Untersuchung da sind." Da der Arzt wenig Zeit hat, verabschiedet er sich schnell von Ihnen. Niedergeschlagen fahren Sie nach dem Arzttermin ins Büro. Sie grübeln über das Gespräch nach und machen sich große Sorgen. Im Büro lassen Sie sich nichts anmerken; die Kollegen haben nichts mitbekommen. In einer Woche haben Sie den Termin zur Darmspiegelung.
Sie kommen an diesem Tag erst spät von der Arbeit zurück. Sie beschließen den Fernseher einzuschalten, können sich jedoch auf keine Sendung konzentrieren. Sie denken an das besorgte Gesicht Ihres Hausarztes, an die bevorstehende Darmspiegelung und daran, ob Sie vielleicht Krebs haben. Wenn Sie Krebs haben, grübeln Sie, werden Sie bestimmt zuerst in die Kurzarbeit geschickt. Dann denken Sie an Ihre beiden Bekannten, die etwas Ähnliches hatten und daran gestorben sind. Mittlerweile ist es schon nach Mitternacht und Sie beschließen ins Bett zu gehen. Sie können jedoch nicht einschlafen und wälzen sich hin und her.
Die Zeit vergeht für Sie wie im Schneckentempo – schreckliche Tage und häufig durchwachte Nächte liegen dazwischen, bis der Termin zur Darmspiegelung da ist; sie haben sich für diesen Tag frei genommen. Ihre Frau begleitet Sie dorthin und wird Sie auch wieder abholen.

Sie bekommen eine Vollnarkose, die richtig angenehm ist, da Sie gut schlafen können. Als Sie aus der Narkose aufwachen, ist Ihnen noch wohlig schläfrig zumute. Der Arzt informiert Sie, dass das Ergebnis der Untersuchung, direkt zu Ihrem Hausarzt geschickt wird. Ihre Frau steht neben dem Arzt, und fährt Sie mit einem sehr besorgten Gesicht nach Hause.
In der folgenden Woche schlafen Sie noch schlechter. Sie rätseln über das mögliche Ergebnis der Untersuchung nach. Werde ich unheilbar krank sein? Habe

ich Krebs? Ihre Frau versucht Sie zu beruhigen, doch irgendwie scheinen ihre Worte nicht bei Ihnen anzukommen.
Nach einer Woche meldet sich die Sprechstundenhilfe Ihres Hausarztes und teilt Ihnen mit, dass die Ergebnisse da sind. Sie vereinbaren mit ihr einen Termin zur Besprechung bei Ihrem Hausarzt. Ihre Frau begleitet Sie.
Als Sie und Ihre Frau bei Ihrem Hausarzt sitzen, macht dieser ein noch besorgteres Gesicht als letztes Mal und teilt Ihnen mit, dass Sie Dickdarmkrebs haben und dass man sofort operieren müsse. Im Anschluss daran wäre sicherlich eine Chemotherapie von Nöten. Sie werden kreideweiß und denken, dass Sie sterben werden. Ihre Frau versucht Sie zu beruhigen, aber auch sie ist kreideweiß. Sie fragen Ihren Arzt, ob Sie nun sterben müssen und wie lange Sie noch zu leben hätten. Ihr Arzt versucht Sie zu beruhigen und sagt, dass Sie mit ein bisschen Glück sicherlich noch fünf Jahre Zeit hätten. Fünf Jahre denken Sie...mit ein bisschen Glück. Eine echte Horrordiagnose. Vollkommen schockiert verlassen Sie und Ihre Frau die Praxis mit einer Überweisung ins Krankenhaus.
Am nächsten Tag fährt Ihre Frau Sie ins Krankenhaus. Ihnen wird jedoch mitgeteilt, dass Sie wegen dem Corona-Virus nicht aufgenommen werden können. Das hatten Sie ja vollkommen vergessen. Sie sollen sich in ca. vier Wochen telefonisch melden. „Vier Wochen", denken Sie. Bis dahin kann ich ja schon tot sein, wenn der Krebs nicht operiert wird. Auch Ihre Frau ist schockiert. Komplett verunsichert fahren Sie beide wieder nach Hause. Sie sind nun sehr beunruhigt und können kaum noch schlafen. Zu allem Übel hat Ihre Firma Kurzarbeit angemeldet. Nichts läuft mehr rund, die Welt steht Kopf.
Seit Sie durch die Kurzarbeit mehr daheim sind, leiden Sie auch noch an ständigem Durchfall und haben bereits fünf Kilogramm abgenommen.
Nach vier endlos erscheinenden Wochen voller Angst und Sorgen werden Sie endlich im Krankenhaus aufgenommen. Dort müssen noch einmal eine Darmspiegelung und eine Computertomographie-Aufnahme vom Brustkorb über sich ergehen lassen. Die Aufnahme vom Brustkorb sei wichtig, damit festgestellt werden kann, ob sich der Krebs ausgebreitet hat. Die erneute Darmspiegelung muss gemacht werden, um die Operationsbedingungen abzuklären. Eventuell kann man nicht mehr operieren; in dem Fall bräuchten Sie zuerst eine Chemotherapie und im Anschluss daran eine Operation. Am nächsten Tag

informiert Sie der Stationsarzt darüber, dass seine Befürchtung zur Realität geworden ist. Er eröffnet Ihnen, dass Sie einen Tumor in der Lunge haben.
Ihre Welt bricht zusammen.

Szenario 2: So hätte es mit dem Wissen um die Universalbiologie ablaufen können:
Sie gehen zum Arzt und berichten ihm von Ihren Beschwerden. Er erklärt Ihnen, dass der Körper mit Durchfall reagiert, wenn man verärgert ist. Eine Verärgerung stellt für die eigene innere Biologie die gleiche Situation dar, wie etwas Unverdauliches, das man gegessen hat. Der Darm produziert beispielsweise mehr Sekret um den sogenannten Brocken loszuwerden.

Der Arzt führt weiter aus, dass es sich bei diesem Brocken/Happen um Nahrung handeln kann, oder in der Assoziation, um einen „unverdaulichen Ärger". Wenn Sie über längere Zeit in dieser unangenehmen Situation steckenbleiben, baut der Darm zusätzlich Sekret absondernde Zellen auf, damit noch mehr Verdauungssäfte produziert werden können, um diesen Groll (oder Nahrungsbrocken) loszuwerden. Der Arzt fragt sie noch, mit wem oder weswegen Sie Ärger haben. Er hört sich Ihre Antworten an, dass Ihr Chef sich arrogant und ruppig Ihnen gegenüber verhält, und dass Sie zunächst an den Wochenenden Durchfall hatten, aber seit der Kurzarbeit jeden Tag.
Sie klären mit dem Arzt, dass man auf jeden Fall das verursachende Problem (den ruppigen Chef) in den Griff kriegen müsste und Sie finden heraus, wie das Verhältnis zum Chef wieder ausgeglichener werden kann. Seit ein Arbeitskollege gegangen ist, der immer Brötchen, Kuchen oder Kekse mitgebracht hat, hat sich der Chef verändert. Kann das wirklich sein, dass der Chef das vermisst? So etwas Profanes?
„Das sei ja nicht so schwierig, es auszuprobieren, Brötchen, Kuchen oder was sonst zur Arbeit mitzubringen und zu sehen, wie der Chef sich freut", denken Sie. Diesen Gedanken setzen Sie in die Tat um.

Sie fragen nun Ihren Arzt, wie das mit dem Zellaufbau abläuft, wenn die ärgerliche Situation über einen längeren Zeitraum bestanden hat, denn Sie machen sich über erlebte Symptome Sorgen. Der Mediziner erklärt Ihnen, dass die Zellen, nachdem die ärgerliche Situation vorüber ist, also das Problem gelöst wurde, mittels Mikroorganismen wieder abgebaut werden. Dadurch kann es passieren, dass man hin und wieder Blut im Stuhlgang findet. Nachdem man keinen Ärger mehr verspürt, leidet man erst einmal unter Durchfall, danach normalisiert sich alles wieder.

Anmerkung: Bei diesen Erklärungen würde die Person sich keine Sorgen um ihre Gesundheit machen. Sie wüsste, dass es oberste Priorität ist, die Probleme aus dem Weg zu schaffen. Da der „Lungenkrebs" nur dann entstehen kann, wenn man unter langanhaltender Angst und Sorge lebt, wären Sie nie damit konfrontiert worden. Lungenkrebs ist sehr häufig eine Folge von medizinischen Fehldiagnosen.

Sie denken an Ihre beiden Kollegen, die mit einer Krebsdiagnose plötzlich auch noch an Lungenkrebs, sogenannten Lungenmetastasen, gelitten hatten und fragen Ihren Arzt, „Warum ist das so? Was ist überhaupt Krebs?"

Ihr Arzt erklärt Ihnen folgendes:
Die Bezeichnung „Krebs" stellt in erster Linie eine allgemeine Bezeichnung für ein Zellwachstum oder für einen Zellabbau dar. Die meisten Schulmediziner können sich das alles nicht wirklich erklären, da sie nicht universalbiologisch ausgebildet werden. Es gibt da keine Unterscheidung: Ein Zellaufbau wird als Krebs und ein Zellabbau wird auch als Krebs bezeichnet. Da die Diagnose „Krebs" viel zu ungenau ist, sprechen wir mit dem Wissen um die Universalbiologie, von einem Zellwachstum oder einem Zellabbau. In erster Linie muss man jedoch zwischen den einzelnen Geweben differenzieren, aus denen wir bestehen. Innerhalb von allen Geweben (Knochen, Haut, Leber, Lunge usw.) kann je nach Situation und biologischem Sinn entweder zuerst ein Zellabbau und/oder ein Zellaufbau stattfinden.

Der sogenannte „Lungenkrebs" kann die Lungenbläschen, die man Alveolen nennt, die Becherzellen, die Bronchien oder das Bindegewebe der Lunge betreffen. Aus diesem Grund ist die Bezeichnung „Krebs" eine Sternzeichendiagnose und gehört in die Astrologie.

Die Universalbiologie ist da sehr genau und unterscheidet nach den betroffenen Geweben. Bei den Lungenbläschen und Becherzellen tritt in den Wiederherstellungsphasen (WP1 + WP2) eine Tuberkulose auf, wenn das Problem gegenstandlos geworden ist. Sind die Bronchien oder das Bindegewebe betroffen, tritt in den Wiederherstellungsphasen eine Lungenentzündung auf.

Sie sind wirklich froh, dass der Arzt sich Zeit für Sie nimmt. Aus diesem Grund fragen Sie ihn noch, ob er Ihnen die verschiedenen Arten von Lungenentzündung und Tuberkulose näher erklären kann. Ihre Mutter befindet sich nämlich zurzeit im Krankenhaus, weil Sie eine Lungenentzündung hat.

Die Erklärung lautet, dass eine Art der Lungentuberkulose* die Lungenbläschen auf der physiologischen Ebene betrifft... Die Alveolen besitzen die Fähigkeit die lebenswichtigen Bestandteile der Atemluft aufzunehmen und wieder abzugeben.
Sie gehen demnach einer aufnehmenden und einer abgebenden Tätigkeit nach. Atmen ist für uns Menschen wichtiger als essen oder trinken. Ohne Nahrung kommt man schon ein paar Tage zurecht, selbst ohne Flüssigkeit, kann man eine Zeitlang überleben, bevor man verdurstet. Aber ohne Luft kann man höchstens 5-7 Minuten überleben. Aus diesem Grund aktivieren sich die Lungenalveolen, indem sie sich vermehren, weil man Angst hat zu sterben. Damit hat der Körper eine größere Überlebenschance. Trifft uns ein Ereignis völlig unerwartet, akut dramatisch und isolativ (= Auslösendes Ereignis), in dem es darum geht, dass man Angst hat, sein Leben zu verlieren, vermehren sich die Lungenbläschen in dieser Konfliktiven Phase, damit der Organismus mehr Luft aufnehmen kann.

Die Konfliktive Phase (KP) startet mit der Sekunde des Schockerlebnisses (z.B. der Krebsdiagnose durch den Arzt; Auslösendes Ereignis) und hält solange an, wie man an dieser Angst leidet. Man kommt nicht mehr zur Ruhe und schläft schlecht. Alles dreht sich nur noch um das Überleben.

* Fälschlicherweise von der Schulmedizin manchmal als Lungenentzündung bezeichnet.

Kommt plötzlich eine gute Nachricht, dass z.B. doch alles nicht so schlimm ist, dann startet sofort die nächste Phase. Der Organismus beginnt mit der Wiederherstellung des betroffenen Gewebes - dem Abbau der zuvor vermehrten Lungenbläschen. Das geht sehr oft mit starken Symptomen einher. Genau dieses darf man nicht falsch verstehen.

Heutzutage treten die meisten zellaufbauenden Geschehen (Konfliktive Phase), welche die Lungenbläschen betreffen, auf Grund von Diagnosen auf, die eine Todesangst verursachen. Aber es gibt auch andere Ursachen, bzw. Lebensumstände, die solche biologisch sinnvollen Gewebeanpassungen herbeiführen. Hier einige Beispiele:

- Wenn ein Polizist in eine sehr gefährliche Gegend versetzt wird, oder
- Wenn jemand in einer Gegend als Feuerwehrmann arbeitet, in der seit einigen Wochen von Unbekannten viele Brände gelegt werden, oder
- Wenn Raucher davor Angst haben, dass sie Lungenkrebs bekommen und daran sterben können. (Seitdem auf den Zigaretten Packungen erschreckende Bilder zu sehen sind, wird die Angst noch mehr geschürt), oder
- Wenn jemand aufgrund seines Berufes oft mit dem Flugzeug reisen muss, er aber ständige Angst hat, dass der Flieger abstürzt, oder
- Wenn Menschen sich verstecken müssen, um von den Feinden nicht entdeckt zu werden. Während des Krieges im Luftschutzbunker, aufgrund der Todesstrafe, wegen Todesdrohungen, weil man Rache an Ihnen nehmen will, etc.

Dies alles sind Beispiele dafür, bei denen eine Person direkt betroffen ist. Man kann allerdings auch Todesangst für eine andere Person empfinden. Häufig haben nicht nur die Betroffenen Angst davor zu sterben, sondern auch die Familienangehörigen sind unter Spannung, wenn der Ehepartner, der Sohn, die Mutter usw. krank sind, einen gefährlichen Job ausüben oder in irgendeiner Lebensgefahr schweben. Diese ursächlichen Konfliktgeschehnisse nennt man Stellvertreterkonflikte. Selbstverständlich kann auch die Angst vor einem fiktiven Virus, beispielsweise vor dem behaupteten Corona-Virus, eine Todesangst auslösen.

Mit dem Empfinden und dem dazugehörigen Schock „Ich habe Angst zu sterben“, vermehren sich die Lungenbläschen, um mehr Luft aufnehmen zu können. Der biologische Sinn liegt darin, dass die Überlebenschancen dadurch steigen. Der Organismus passt sich selbstständig an, ohne dass wir es bemerken. Diese erste Phase der Anpassung oder Optimierung, nimmt man meist nicht wahr, da sie symptomlos verläuft.
Ist Ihre Sorge, Ihr persönlicher Konflikt, an dem Sie leiden, belanglos geworden, beispielsweise weil Sie die Zusammenhänge der Biologie verstehen und damit Ihre Angst vor einer tödlichen Krankheit verloren haben, werden die zuvor in der Konfliktiven Phase neu gebildeten Zellen in der Wiederherstellungsphase mithilfe von Mikroorganismen wieder abgebaut. In diesem Zeitraum können Fieber, Schwäche, Husten, Kopfschmerzen, Atemnot, nächtliches Schwitzen und Müdigkeit auftreten. Es ist die Phase, in der die meisten Menschen zum Arzt gehen, weil es ihnen schlecht geht. Diese erste Etappe der Wiederherstellung (WP1), die zeitgleich mit der Konfliktlösung startet, löst dann die Symptome aus, die wir früher irrtümlicherweise als Krankheit angesehen hatten.
Die Wiederherstellung der Gewebe in den Urzustand kann ohne die erwähnten Mikroorganismen, die in uns und mit uns in Symbiose leben, nicht vonstattengehen. Die meisten Menschen gehen wegen der bekannten, meist unangenehmen Symptome zum Arzt. Der Arzt, der meist keine universalbiologische Ausbildung hat, ist sich sicher, dass die Mikroorganismen, die Ursache sind und verschreibt in aller Regel Antibiotika. Das Unheil nimmt seinen Lauf, denn nun stoppt die Heilung. Körperlich fühlen Sie sich zwar besser, aber innerlich läuft gerade etwas gegen das System, gegen das Leben, was Antibiotika ja übersetzt heißt.

Wir sprechen deshalb von der Wieder*herstellung*sphase, weil das Gewebe in dieser Zeit in den vorherigen Zustand zurück *gestellt* wird. Auf der organischen Ebene, welche die Vorgänge „an den Lungenalveolen“ beschreibt, wird mithilfe der Mikroorganismen, die mit uns in Symbiose leben, das zuvor aufgebaute Gewebe wieder abgebaut. In der ersten Phase der Wiederherstellung wird Wasser für die Regeneration benötigt, aus diesem Grund sammelt sich Flüssigkeit in den Lungenalveolen an. Diesen Vorgang kann man auch bei jeder Verletzung beobachten, die aufgrund dessen schnell anschwillt. Je intensiver der

Schock, der Konflikt empfunden wurde, desto mehr Wasser wird für die Wiederherstellung gebraucht. Lagert sich viel Flüssigkeit um die Alveolen ein, kann es zum Lungenrasseln (= Lungenödem) kommen. Befindet sich ein Betroffener in diesem Zustand, muss er im Krankenhaus überwacht werden oder zumindest täglich therapeutisch begleitet werden. Diese Situation tritt allerdings nur ein, wenn der Betroffene zusätzlich noch ein anderes Problem hat, welches auf der organischen Ebene die Nieren, genauer gesagt, die Nierensammelrohre betrifft. „Der Ablauf, der die Nierensammelrohre betrifft, ist sehr wichtig", sagt der Arzt. „Aus diesem Grund werde ich Ihnen zum Schluss noch erklären, was die Nieren mit den Lungen zu tun haben sollen."

Dem ersten Teil der Wiederherstellungsphase nach der Konfliktlösung folgt die Umkehrphase, die meist nicht wahrgenommen wird. Aber diese Umkehrphase ist sehr wichtig, da ab dieser Zeit das Wasser aus der Lunge herausbefördert wird.
Im Anschluss daran folgt der zweite Teil der Wiederherstellungsphase (WP2). Hier tritt der bekannte „feuchte Husten*" auf. Durch den in den Wiederherstellungsphasen erfolgte Zellabbau entsteht ein eitriges, manchmal blutiges Sekret, das abgehustet wird. In diesem zweiten Abschnitt bessern sich jedoch allmählich sämtliche Symptome: Der Husten wird weniger, das Fieber sinkt, die Kopfschmerzen gehen zurück und die Müdigkeit tritt in den Hintergrund usw.

Eine andere Gewebeart betrifft die Bronchien, die sich in Form einer Lungenentzündung zeigen kann.
Als Bronchien bezeichnet man die Verzweigungen, die Nebenäste der Luftröhre, die in die Lunge führen. Diese werden immer feiner, je tiefer sie in die Lunge reichen.
Wenn Sie einen Riesenschreck bekommen oder wenn Sie Angst davor haben, dass Sie Ihre Arbeitsstelle verlieren könnten oder ein anderes Ereignis tritt ein, bei dem es darum geht, dass Sie Ihren Bereich, Ihren Raum, Ihre Stelle, Ihre Gesundheit bedroht sehen, reagiert unser Organismus auf der körperlichen Ebene mit einem Abbau der Atemwegsschleimhaut und/oder der Atemwegsmuskulatur.

* Husten mit Auswurf.

Die Bronchial**muskulatur** hat dabei etwas mit Angst und mit Motorik zu tun: Wenn man das Gefühl hat, „weg sein zu wollen", oder „wenn man verschwinden will" und das mit dem Auslösendem Ereignis eines Schreckangst/Revierangst-Geschehens verbunden ist, ist die Bronchial**muskulatur** betroffen. Wenn man eher das Gefühl hat, „den Boden unter den Füßen zu verlieren" und dies mit dem Auslösenden Ereignis eines Schreckangst/Revierangst-Geschehens verbunden ist, ist die Bronchial**schleimhaut** betroffen. Dabei wird der Schreck oder die Angst beispielsweise um den Arbeitsplatz oder um die Gesundheit als ein Ereignis empfunden, das uns völlig unerwartet, akut dramatisch und isolativ (= Auslösendes Ereignis) trifft. Das ist die Konfliktive Phase, in der man mit dem Schock konfrontiert ist. Mit dem Gefühl „Mein Revier, meine Stelle, mein Bereich ist bedroht, ich habe Angst, dass ich meine Arbeitsstelle verliere", und dem dazugehörigen Auslösenden Ereignis (Schock), werden die Zellen an der Bronchialschleimhaut abgebaut. Der Inhalt des Auslösenden Ereignisses ist die „Angst um das Revier oder den Raum". Der eigene Bereich wurde also noch nicht angegriffen: Sie haben die Arbeitsstelle noch nicht verloren, aber Sie haben Angst davor, sie zu verlieren. Diese Phase nimmt man meist nicht wahr, da sie symptomlos verläuft.

Haben Sie Ihre Sorge, Ihren Konflikt gemeistert, weil Ihnen zugesichert wurde, dass Sie nicht entlassen werden, sind es solche schönen Begebenheiten, wie z.B. das Nicht-Eintreffen des Jobverlustes, eine Versöhnung oder Momente in denen Ihnen „ein Stein vom Herzen fällt" usw., die zu einer Bronchitis und im extremen Fall zu einer Lungenentzündung führen. Damit Sie nachvollziehen können, warum man gerade nach einer **zufriedenstellenden** Nachricht (z.B. „Mir wird nicht gekündigt"), eine Bronchitis, bzw. Lungenentzündung bekommt, erklärt Ihr Arzt Ihnen folgendes:

Bei diesem Ereignis steht die Notwendigkeit im Vordergrund, ein Revier, einen Raum, einen Bezirk, eine Stelle, einen eigenen Bereich zu haben und diesen nicht nur zu erobern, sondern auch zu behalten. Er könnte bedroht sein. Andere Beispiele: Es besteht die Möglichkeit, dass ein Kind durch ein Geschwisterchen seinen Platz/seine Stellung verlieren könnte oder dass die Mutter/der Vater in sein „Reich" eindringen will. Es könnte auch ein Partner sein, der ankündigt, dass er Sie verlassen will, es aber doch nicht macht. Dies sind alles Beispiele für die Angst, dass der eigene Bereich bedroht werden kann.

Sie erinnern sich. Ihre Eltern haben sich häufig gestritten und als Kind hatten Sie oft eine Bronchitis, zum Glück keine Lungenentzündung.

Wenn Sie Ihren Konflikt gelöst haben, beispielsweise, weil Ihr Chef Ihnen mitgeteilt hat, dass er Ihnen nicht kündigen wird, schwillt die Bronchialschleimhaut an (= Wiederherstellungsphase 1). Im Extremfall kann daraus, wie gesagt, eine Lungenentzündung* resultieren – das ist jedoch sehr selten der Fall. Die Schwellung an der Bronchialschleimhaut wird durch eine Wassereinlagerung hervorgerufen, weil unser Organismus zum Wiederaufbau Wasser benötigt (das kann man bei jeder Verletzung beobachten, die aufgrund dessen schnell anschwillt).
In diesem Abschnitt des Biologisch Notwendigen Ablaufs (BNA) treten Fieber, Schwäche, Husten, Kopfschmerzen und Müdigkeit auf. Es ist wiederum die Phase, in der die meisten Menschen einen Arzt aufsuchen, weil es ihnen schlecht geht. Diese erste Etappe der Wiederherstellung, die zeitgleich mit der Konfliktlösung startet, erzeugt wieder die Symptome, die wir früher fälschlicherweise als Krankheit bezeichnet hatten. Leider hat sich bis heute daran nichts geändert, da nahezu alle Ärzte nichts von der Universalbiologie wissen.
In dieser Zeit kann man unter trockenem Husten leiden. Das kann manchmal schmerzhaft oder nur unangenehm sein. Der trockene Husten(reiz), in der ersten Wiederherstellungsphase (WP1), wird vorwiegend durch eine Veränderung der Sensibilität an der Bronchialschleimhaut ausgelöst. Zu diesem Wechsel kommt es, weil das Gewebe der Bronchialschleimhaut in diesem Abschnitt wieder aufgebaut wird.
Der erste Teil der Wiederherstellungsphase zeichnet sich mit einer zunehmenden Mattigkeit, Müdigkeit, Husten und Fieber aus. Wir sprechen deshalb von der Wiederherstellungsphase, weil das Gewebe in dieser Zeit wieder hergestellt wird. Auf der organischen Ebene, die die Vorgänge „an der Bronchialschleimhaut" beschreibt, wird mithilfe von Eiweißen und Mikroorganismen, die mit uns in Symbiose leben, das zuvor abgebaute Gewebe wieder aufgebaut. Durch diesen Aufbau wird die Bronchialschleimhaut gereizt, sodass man hin und wieder unter trockenem Husten leidet.

* Bei dieser Art von Lungenentzündung werden vermehrt kleine Eiweißstückchen, z.B. RNA, Globuline gefunden, die dann als Virus fehlinterpretiert werden.

Wenn sich die Bronchialschleimhaut in der Wiederherstellungsphase befindet, kann es zu höherem Fieber kommen, je nach Konfliktintensität sogar bis 40°C. Solch hohe Temperaturen treten in der ersten Wiederherstellungsphase auf. Je intensiver ein Auslösendes Ereignis empfunden wurde, desto höher ist das Fieber in der Wiederherstellungsphase.
Dem ersten Teil der Wiederherstellungsphase folgt die Umkehrphase: In diesem Zeitabschnitt ist die Schleimhaut überempfindlich und wir müssen noch häufiger husten. Nach der Umkehrphase sinkt die Temperatur manchmal sehr schnell, das kann ebenfalls für den Körper eine Belastung darstellen.
Im Anschluss daran folgt der zweite Teil der Wiederherstellungsphase, in der es zum „feuchten Husten" (Husten mit Auswurf) kommt. In diesem zweiten Teil bessern sich jedoch allmählich sämtliche Symptome: Man ist auf dem besten Wege wieder vollständig gesund zu werden.

Diese Zusammenfassung beruhigt Sie sehr, denn Sie vermuten stark, dass Ihre Mutter diese Art von Lungenentzündung hat. Davor hatte Ihre Mutter nämlich immer wieder Angst, dass sie in ein Heim muss. Erst als Sie ihr versicherten, dass Sie sie niemals in ein Heim bringen werden, sagte Ihre Mutter, dass Ihr ein Stein vom Herzen gefallen ist. Am nächsten Tag litt sie jedoch unter Fieber, Kopfschmerzen und einer starken Müdigkeit.

Zur Ergänzung erklärt der Arzt Ihnen die Symptome, wenn die Kehlkopfschleimhaut betroffen ist: Im Fall einer Konfliktlösung des Schreckangstkonfliktes (Kehlkopfschleimhaut) lagert sich Flüssigkeit an der Kehlkopfschleimhaut und/oder Kehlkopfmuskulatur an. Diese Regenerationsphase, in der es zur Wiederauffüllung der Zellen kommt, zeigt sich auf der körperlichen Ebene durch Fieber, eine veränderte Stimme, Juckreiz („Kitzeln im Hals"), Husten und Schmerzen.

Eine andere Gewebeart, die sich in Form einer Tuberkulose* zeigen kann, betrifft die Becherzellen der Atemwege.**

Stellen Sie sich vor, Sie sitzen mit Ihren Freunden in einem Restaurant. Plötzlich verschlucken Sie sich fürchterlich. Sie müssen wie verrückt husten, damit Sie den Nahrungsbrocken wieder loswerden können. Wenn der Happen, der in der Luftröhre gelandet ist, zu groß ist, kommt es zur Atemwegsverengung durch diesen Fremdkörper und Sie werden gleichzeitig die Panik wahrnehmen, die mit dem Impuls des Erstickens einhergeht.

Ihnen wird ein bisschen mulmig zumute, denn Sie können sich diese Situation bildhaft vorstellen. Ihr Arzt beruhigt Sie und sagt, dass solche Begebenheiten zum Glück äußerst selten auftreten, außerdem ist es nur ein Beispiel. Sie hören weiter den Worten des Arztes zu, jetzt ohne mulmiges Gefühl:

Wenn man sich verschluckt, besteht die erste physiologische Reaktion darin, dass man hustet, damit der Fremdkörper herausgebracht werden kann. Übrigens, ein kräftiger Husten kann eine Geschwindigkeit der ausgehusteten Luft von 60-80 km/h erreichen. Gelingt es nicht, den Fremdkörper durch Husten zu beseitigen, stehen Atemnot und Todesangst im Vordergrund. Es kommt zur Funktionssteigerung der Alveolen (Todesangst), sowie zu einer Erhöhung der Sekret bildenden Funktion, damit der Brocken doch noch den Weg nach draußen schafft. Die Bildung von vermehrtem Sekret wird durch die Becherzellen der Lunge hervorgerufen, die mit dem Schock einer „Erstickungsangst", mehr Sekret bilden. Zum einen wird dadurch der Fremdkörper schlüpfriger gemacht, um leichter hinausgleiten zu können und zum anderen kann das Sekret den Brocken mit Hilfe der Flüssigkeit zerkleinern.

Haben wir also die Panik des Erstickens, produzieren die Becherzellen der Lunge mehr Sekret. Das ist die Konfliktive Phase, in der man mit dem akuten Trauma konfrontiert ist und die dazu dient, den Fremdkörper loszuwerden.

* Wird häufig von der Schulmedizin als Lungenentzündung fehlgedeutet

** Becherförmige, Schleim produzierende Drüsen, die sich in den Luftwegen sowie im Dünn- und Dickdarm befinden.

In dieser Konfliktiven Phase leiden wir auch unter Husten, um das vermehrte Sekret, sowie den Fremdkörper loszuwerden. Das ist auch ein Grund, warum Raucher unter Raucherhusten leiden: Der Zigarettenrauch ist der „Eindringling", den die Becherzellen durch eine vermehrte Sekretproduktion loswerden wollen.

Nicht nur der Zigarettenrauch verursacht solche Reaktionen. In allen großen Industriegebieten, in denen die Luft nicht mehr rein ist und der Himmel gelb von Auto- und Industrieabgasen, haben viele Menschen derartige Probleme. Denken Sie mal an Norditalien und China, zwei typisch negative aktuelle Beispiele unserer Zeit. Nicht zufällig sind in diesen Gegenden die angeblichen „Corona-Fälle" ausgebrochen.

Heutzutage führt nämlich oft eine Feinstoffbelastung zu einer erhöhten Sekretproduktion der Becherzellen. Das konnte man nicht nur in der Corona-Zeit sehr gut beobachten: China ist weltweit das Land mit der höchsten Luftverschmutzung. Am 14.08.2015 schrieb Online-Welt dazu, dass laut einer Studie zufolge in China jeden Tag 4000 Menschen aufgrund der schlimmen Luftverschmutzung sterben. Für die Studie analysierten die Wissenschaftler über vier Monate an 1500 Stellen stündliche Luftmessungen (von April bis August 2014). Das sind mehr Todesfälle, als China bisher insgesamt an Covid-19 Todesfällen gemeldet hat. Von Dezember 2019 bis 21.12.2020 sind laut „Statista" 4771 Menschen an Corona verstorben. Pro Jahr sterben 1,46 Millionen Menschen in China an den Folgen der massiven Umweltverschmutzung.

Das muss man sich mal vorstellen, weltweit sterben die Menschen an den Folgen einer Luftverschmutzung, die mit denselben Symptomen einhergeht, wie das, was man als Covid-19 bezeichnet. Es ist einfach unfassbar, dass die meisten Menschen das so hinnehmen.

Die Forscher kamen übrigens zu dem Ergebnis, dass die Luftverschmutzung weltweit jedes Jahr für den Tod von über drei Millionen Menschen verantwortlich ist.

Das ist ja unglaublich, sagen Sie und dann macht China ganze Städte zu, weil bis Ende Januar 2020 zehn Menschen gestorben sind. Sie können es kaum fassen.

Aber es kommt noch schlimmer:
Norditalien gilt hinsichtlich der Feinstaubbelastung als Europas China. Dort starben, im Jahr 2006 auch ohne fiktiven Virus pro Jahr zusätzlich in 13 großen Städten über 8000 Menschen (laut WHO) - nur allein durch die Luftverschmutzung. Bis heute hat sich die Situation im Norden Italiens nicht erheblich verbessert.
Man weiß ja, dass behauptet wird, dass vor allem der Norden Italiens von dem angeblichen Virus betroffen war. In Italien kommt noch erschwerend hinzu, dass die Situation in den Krankenhäusern seit Jahren katastrophale Ausmaße angenommen hat: Zuwenig Pflegekräfte und Ärzte, veraltete Einrichtungen, kaum Beatmungsgeräte usw. Italien hat übrigens die höchste Anzahl an tödlichen Krankenhausinfektionen in Europa.

Zu diesem ganzen Dilemma kommt auch noch hinzu, dass die behaupteten Covid-19-Kranken sehr früh und viel zu lange beatmet werden, weil es von offizieller Stelle empfohlen wurde. Die Begründung hierzu war, dass eine Beatmung eine Übertragung verhindern kann. Vor Corona–Zeiten wurde eine invasive Beatmung nur als Notfallmaßnahme durchgeführt. Vorher hat man Menschen mit Atemschwierigkeiten diverse Hilfestellungen (z.B. Maskenbeatmung, Vernebler usw.) gegeben, um sie vor einer invasiven Beatmung zu bewahren. Außerdem wurden die Betroffenen nur so lange wie nötig und so kurz wie möglich beatmet. Jeder Intensivmediziner weiß, dass die Gefahren einer invasiven Beatmung sich nicht nur auf eine Lungenentzündung beschränken. Vor allem ältere Menschen, die beatmet werden, unterliegen nicht selten einer schwersten Behinderung, wenn sie denn je wieder aus dem künstlichen Koma erwachen sollten. Über 95% der an „Covid-19" Verstorbenen waren über 80 Jahre alt.
Kommen wir wieder zurück zu dem Ablauf der Becherzellen:
Die Funktion der erhöhten Produktion von Sekret kann auch sehr eindrücklich bei beatmeten Patienten beobachtet werden. Bei Ihnen muss oft sehr viel Sekret abgesaugt werden. Bei beatmeten Patienten stehen Erstickungsangst

und Todesangst im Vordergrund. Die Patienten wollen den Beatmungsschlauch (= Fremdkörper) loswerden. Das ist einer von vielen Gründen, warum man Betroffene nur im äußersten Notfall intubieren sollte. Selbst eine Sauerstoffbrille oder schockierende Bilder im Fernsehen können diese Formen von Traumata auslösen.

Aber wie Sie schon gemerkt haben, kann nur allein die bildhafte Vorstellung des Verschluckens solch einen Schock provozieren.

Sehr viele Menschen leiden unter Todes- oder Erstickungsangst, seitdem die Corona-Krise und Maskenpflicht ausgerufen wurde. Als gesagt worden ist, dass sich das imaginäre Virus über Aerosole* verbreitet und dass es besonders schlimm ist, wenn wir singen, und wir deshalb eine Maske tragen müssen, waren noch mehr Menschen voller Sorge und Angst. Doch erst wenn diese Angst verflogen ist, weil die Menschen wieder ohne Maske singen „dürfen" werden Symptome auftreten und man fühlt sich krank. Sie werden krank, wegen den völlig irrsinnigen und angstmachenden Maßnahmen, wenn sie abgeschafft werden. Sie werden nicht krank durch ein imaginäres Virus, das bis heute keiner nachweisen konnte.
Wenn die Erstickungsangst vorüber ist, weil man den Fremdkörper aushusten konnte oder weil man beispielsweise vor einem Beinahe-Ertrinken gerettet wurde, zeigt sich in der ersten Wiederherstellungsphase eine eitrige Lungentuberkulose (Anmerkung: Von der Schulmedizin häufig als Lungenentzündung beschrieben). In dieser Phase leidet man unter Fieber, Husten, Atemnot, Nachtschweiß, Müdigkeit und Abgeschlagenheit. Das Sekret, dass man aushustet ist gelblich, deshalb spricht man von einer *eitrigen* Lungenentzündung bzw. - mit dem Wissen um die Universalbiologie - von einer Tuberkulose**.

* Feinste Verteilung schwebender fester oder flüssiger Stoffe in Gasen, besonders in der Luft.
** In der Schulmedizin entspricht dieses Bild einer typischen Lungenentzündung.

Die Becherzellen, die zuvor mehr Sekret produziert hatten und sich auch vermehrt hatten, werden in dieser Wiederherstellungsphase (WP1) wieder reduziert – auch die Sekretproduktion stoppt. Diese Art von Lungenentzündung ist eine wirklich diffizile Angelegenheit, die von einem erfahrenen Therapeuten begleitet werden sollte. Das besondere Problem dabei ist folgendes: Wenn man mit dem Trauma der Erstickungsangst belastet ist, produzieren die Becherzellen viel Sekret. Im Moment des Eintritts in die Wiederherstellungsphase wird zusätzlich auch noch weiteres Wasser für Regenerationszwecke eingelagert. Der Betroffene hat demnach mit der eingespeicherten Flüssigkeit und dem Sekret zu kämpfen: Wenn er noch nicht die Kraft besitzt, das Ganze abzuhusten, muss er über eine künstliche Absaugung unterstützt werden. Sollte dies nicht geschehen, besteht die Gefahr, dass er an einem akuten Lungenversagen stirbt, weil er sozusagen an seinem eigenen Sekret ertrinkt. In dieser Phase muss man gut abwägen, denn oft kann es dann hilfreich sein, sympathikoton* wirkende Medikamente (z.B. Antibiotika) zu verabreichen, um diesen Prozess erträglicher oder überhaupt überlebbar zu machen. Die Wiederherstellung wird dadurch zwar behindert, abgebremst und gemildert, was aber nicht so schlimm ist wie an den Symptomen zu versterben.

* Auf den Sympathikusnerv bezogen. Teil des vegetativen, unwillkürlichen Nervensystems; Gegenspieler des Parasympathikus; ist verantwortlich für lebenswichtige Anpassungen; Wirkung: Blutdruck- und herzfrequenzsteigernd, Pupillen und Bronchien erweitern sich, die Verdauung- und Harnausscheidung wird gebremst.

Die meisten Säugetiere unterliegen in ihrer Biologie dem Tag- und Nachtrhythmus. Tagsüber herrscht der Sympathikus vor, nachts der Parasympathikus. In fast jeder Phase eines biologisch notwendigen Ablaufs, wenn wir also ein Trauma erlebt haben, wird der Sympathikus angeregt. Die Stärke ist dabei abhängig von der Konfliktintensität und -dauer. Wenn wir das Trauma als belanglos ansehen können, kommt der Parasympathikus mehr zur Geltung. In dieser Phase treten die meisten Symptome auf. Es gibt ein paar Symptome, welche in der sympathikotonen Phase auftreten, zahlenmäßig jedoch weitaus weniger.

Das hört sich für Sie schrecklich an. Aber ganz verstehen können Sie es nicht. Aus diesem Grund führt der Arzt noch ein anderes Beispiel an:

Bei einem Ertrinkungsunfall erlebt der Betroffene die Panik, die mit dem biologischen Impuls des Ertrinkens einhergeht: Todesangst und Erstickungsangst. Die Person selbst „bestimmt" (am Verstand vorbei), wie bei allen anderen Biologisch Notwendigen Abläufen (BNA) auch, durch seine eigene Empfindung, die Zuordnung zum jeweiligen Geschehen. In einigen Fällen bekommt man nach erfolgreicher Wiederbelebung ein Lungenödem. Dieses kann sich u.U. erst nach einigen Stunden entwickeln. Es ist die Konfliktive Phase eines „Erstickungskonfliktes" oder verbliebenes aspiriertes* Wasser von dem Ertrinkungsunfall.

Steht Atemnot im Vordergrund mit dem biologischen Impuls „Hilfe, ich ersticke", kommt es in der Konfliktiven Phase zu einer erhöhten sekretorischen Funktion der Becherzellen. In der Panik des Erstickens produzieren die Becherzellen der Lunge vermehrt Sekret. Ist der Erstickungskonflikt von großer Intensität und/oder Dauer (wenn er auch noch nach der Rettung für längere Zeit aktiv ist), entsteht in der Konfliktiven Phase ein Lungenödem („Wasser" in der Lunge). Kann die Spannung gelöst werden, entwickelt sich eine eitrige Lungenentzündung, besser gesagt eine Lungentuberkulose.

Führt ein Lungenödem (oder später eine Lungentuberkulose) zum Tod des Betroffenen, spricht man in schulmedizinischen Fachkreisen von „sekundärem Ertrinken".

Auch bei einer Rauchgasvergiftung nimmt man gleichzeitig den biologischen Impuls des Erstickens wahr bzw. aktiviert ihn. Es ist die Panik, keine Luft zu bekommen! Die Panik, nicht ausreichend einatmen (resorptives Merkmal) zu können! Die Panik, die Luft nicht hinuntergleiten lassen zu können! Jetzt entsteht mehr Sekret (Becherzellen; Erstickungsangst) und es kommt zu einer Funktionssteigerung der Alveolen (Todesangstkonflikt), damit mehr Luft aufgenommen werden kann.

* Eindringen von Stoffen in die Atemwege.

Hält diese Entwicklung nur sehr kurz an, weil der Mensch oder das Tier dem Feuer entfliehen kann, wird er oder es danach noch ein paarmal husten müssen, evtl. unter Übelkeit und Erbrechen leiden, aber in der Regel wird der „Spuk“ innerhalb kurzer Zeit vorbei sein. Hält die Panik des Erstickens länger an (z.B. durch eine künstliche Beatmung), produzieren die Becherzellen entsprechend mehr Sekret, damit der Rauch (Fremdkörper oder Tubus*) hinausbefördert werden kann. Aus diesem Grund ist eine Beatmung mehr als kontraproduktiv und sollte nur im absoluten Notfall erfolgen.

Das ist genial, finden Sie. Der Körper macht immer genau das Richtige! Wenn Sie beispielsweise einen Spreißel habe und diesen erst bemerken, wenn er herauseitert, ist das im Prinzip der gleiche Mechanismus, als wenn die Becherzellen den Fremdkörper loswerden wollen

Zum Schluss die „letzte“ Form einer Lungenentzündung, die das Bindegewebe betrifft:

Zwischen den Lungenbläschen befindet sich Bindegewebe. Wenn man einen dramatischen Schock erleidet, der sich auf die Atmung bezieht, in dem Sinne: „Ich kann nicht richtig atmen“, oder „Ich bin nicht fähig richtig zu atmen“, oder „Ich kann nicht richtig durchatmen“, reagiert unser Organismus auf der körperlichen Ebene mit einem Abbau des Bindegewebes, das sich zwischen den Lungenbläschen befindet.

Dabei wird der Schock oder die Angst, dass man nicht wie immer durchatmen kann, als völlig unerwartet, akut dramatisch und isolativ (= Auslösendes Ereignis) empfunden. Das ist die Konfliktive Phase, in der man mit dem Trauma konfrontiert ist. In jedem Fall wird mit diesem Ereignis das Bindegewebe um die Lungenbläschen reduziert. Derartige Schockzustände können beispielsweise auftreten, wenn Sie als Sänger oder Blasmusiker gezwungen werden ein Mundtuch zu tragen:

* Schlauch.

Sie können real nicht richtig durchatmen, denn Sie benötigen für das Singen und für das Blasen Ihres Instrumentes Luft! Als älterer Mensch haben Sie sowieso Probleme ausreichend Luft durch das Mundtuch zu bekommen. Auch dann kann das Bindegewebe sich abbauen.
Vor der Corona-Krise konnte man meistens solche Geschehnisse „nur" als sogenannte Folgekonflikte beobachten: Wenn sich beispielsweise aufgrund von „Herzinsuffizienzen*" eine Atemnot einstellte, kam es hin und wieder vor, dass ein Betroffener mit diesem Programm reagierte. Mit der propagierten Corona-Krise vor dem Gesicht können wir heute nicht richtig atmen, „ich kann mit dem Tuch vor dem Mund nicht genug Luft einatmen und damit das Instrument nicht spielen." Ich vermeide es tief zu atmen, damit ich den Virus nicht bekomme", usw.

Ist Ihre Sorge, Ihr Konflikt bedeutungslos geworden, beispielsweise weil das Tuch vor dem Mund nicht mehr zur Zwangsmaßnahme gehört und Sie ohne Mundschutz einkaufen gehen können, fällt Ihnen ein Stein vom Herzen. Sie fühlen sich wieder frei und können durchatmen.
Ist Ihre Sorge, Ihr Konflikt nicht mehr aktuell, baut sich das Bindegewebe wieder auf und schwillt dabei an (= Wiederherstellungsphase 1). Im Extremfall kann daraus, wie gesagt, eine Lungenentzündung resultieren. Der Aufbau des Bindegewebes wird von einer Wassereinlagerung begleitet, weil unser Organismus zum Wiederaufbau Wasser benötigt. Wie in jeder Wiederherstellungsphase.
In diesem Abschnitt können Fieber, Schwäche, Husten und Müdigkeit auftreten. Diese erste Phase der Wiederherstellung, die zeitgleich mit der Konfliktlösung startet, macht dann die Symptome.
In dieser Zeit leidet man ebenfalls unter trockenem Husten. Das kann manchmal schmerzhaft oder unangenehm sein.
Innerhalb dieses Zeitraums (Wiederherstellungsphase) wird das zuvor abgebaute Bindegewebe mithilfe der Mikroorganismen wieder aufgebaut, die mit uns in Symbiose leben.

* Umgangssprachlich: Herzschwäche.

Durch diesen Aufbau werden das Bindegewebe und damit die umliegenden Gewebe gereizt, sodass man hin und wieder unter trockenem Husten leidet. Wenn sich das Bindegewebe in der Wiederherstellungsphase befindet, kann es zu Fieber kommen. Je nach Konfliktintensität sogar bis zu 39°C. Solch hohe Temperaturen treten in der ersten Wiederherstellungsphase auf. Dennoch, je intensiver ein Auslösendes Ereignis empfunden wurde, desto höher ist, wie gesagt, das Fieber in der Wiederherstellungsphase.
Dem ersten Teil der Wiederherstellungsphase folgt die Umkehrphase: Das Wasser im Bindegewebe wird in diesem Zeitpunkt ausgepresst.

Im Anschluss daran findet der zweite Teil der Wiederherstellungsphase statt. Hier tritt der bekannte, „feuchte Husten" auf, mit den schon oben genannten Folgen. Allerdings ist das Sekret, das man bei dieser Art von Lungenentzündung aushustet nur *leicht* eitrig und eher flüssig. Alle weiteren genannten Symptome bessern sich allmählich in diesem Zeitabschnitt.

Diese Zusammenfassung über die Lungenentzündungen bzw. Tuberkulose beruhigt Sie sehr. Das Wichtigste aber, was Sie verspüren ist: Sie haben keine Angst mehr, weder vor den Symptomen, noch vor dem imaginären Virus. Jetzt wissen Sie wie die Biologie auf seelische Verletzungen reagiert. Kein körperliches Symptom ohne seelische Verletzung – das ist Ihnen klar geworden.

Zum Schluss hören Sie von Ihrem Arzt noch, warum das Programm der Nierensammelrohre so wichtig ist:

„Das Programm der Nierensammelrohre hat deshalb eine bedeutende biologische Wichtigkeit, weil mit ihm alle parallel laufenden Wiederherstellungsphasen verstärkt und beeinflusst werden."

Die Nierensammelrohre sind dafür zuständig, wieviel Urin tatsächlich ausgeschieden wird. Dementsprechend können sie auch Wasser zurückhalten und auf diese Weise eine drohende Austrocknung hinauszögern, wenn zu wenig Wasser zur Verfügung steht.

Die Nierensammelrohre sind nämlich für die Wasserrückresorption zuständig: Die Durchblutung beider Nieren beträgt etwa 1500-1700 Liter pro Tag. In den Nierensammelrohren werden 99 % des Wassers (aus dem Blut) und der größte Teil der darin gelösten Stoffe rückresorbiert.

Der Biologisch Notwendige Ablauf entspricht einer Austrocknungsproblematik. Wenn beispielsweise ein Wal strandet, ist das nicht sofort sein Todesurteil, denn sein Körper ist für diesen Fall gewappnet, weil automatisch der Biologisch Notwendige Ablauf der Nierensammelrohre startet, welches für Wassermangel und Existenzangst steht. Der Ablauf sorgt dafür, dass die Nieren mehr Wasser zurückhalten. Das Wasser wird im Binde- und Fettgewebe eingelagert, das wie ein Schwamm wirkt. Das Fettgewebe kann ein Vielfaches an Wasser aufnehmen und durch diese Reserven kann der Wal länger überleben. Das verschafft dem gestrandeten Tier wertvolle Zeit. So kann er auf die rettende Flut warten, die ihn zurück ins Meer spült. Der Mensch verfügt über dasselbe Programm: Stellen Sie sich vor, Sie stehen in einer Wüste und weit und breit ist kein Wasser in Sicht: Automatisch startet in diesem Fall der Nierensammelrohr-Ablauf und sorgt dafür, dass das Wasser zurückgehalten wird. Kein Tropfen wird verschwendet. Nicht nur die Urinmenge wird geringer, Sie werden ab dem Moment auch weniger Schwitzen.

Das ist super und perfekt organisiert. Jedoch werden Sie beim weiteren Ablauf merken, dass dieses Programm nicht immer günstig ist, weil wir Menschen häufig in Problemen stecken bleiben, Dinge nicht verändern und damit gegen unsere Natur leben. Der Ablauf der Nierensammelrohre sichert biologisch betrachtet (wie alle anderen Programme auch) unser Überleben, wenn er für kurze Strecken benötigt wird. Wenn er jedoch ständig präsent ist, kann dieser Umstand erhebliche Nachteile mit sich bringen.

Wenn also der Existenzkonflikt, der die Nierensammelrohre betrifft, gestartet wird, lagert der Körper automatisch vermehrt Wasser ein. Es kann sich bei dem Gefühl der Existenzproblematik um einen realen Wassermangel handeln.

Der Existenzkonflikt entspricht aber auch im übertragenen Sinne dem Empfinden, wenn man sich „schlecht versorgt fühlt". Eine Problematik, die man häufig in Altersheimen, aber auch bei einer medizinischen Versorgung antreffen kann, wenn man sich nicht gut betreut fühlt. Die Existenz kann ebenfalls durch einen Arbeitsplatzverlust erschüttert werden.

Der Biologisch Notwendige Ablauf der Nierensammelrohre kann in Gang gesetzt werden, wenn wir uns wie ein „Flüchtling" oder „Mutter-Seelen-Allein" fühlen. Wie ein Flüchtling kann man sich fühlen, wenn man beispielsweise seiner Frau oder seinem Mann zuliebe in eine Gegend zieht, in der man sich fremd und heimatlos vorkommt. Natürlich kann man sich auch fremd fühlen, wenn man sich als alter Mensch plötzlich in einem Altersheim wiederfindet oder wenn man ins Krankenhaus muss.
Das Gefühl sich als „Mutter-Seelen-Allein" zu empfinden, beinhaltet schon das Wort: Wenn man sich einsam und verlassen vorkommt, kann ebenfalls der Nierensammelrohrkonflikt starten und augenblicklich wird Wasser zurückbehalten.
Organisch gesehen findet an den Nierensammelrohren eine Funktionssteigerung und evtl. eine Zellvermehrung statt, damit wir mit Hilfe der zusätzlich eingelagerten Flüssigkeit eine größere Überlebenschance haben.

Jeder Biologisch Notwendige Ablauf wird von dem Programm der Nierensammelrohre beeinflusst: Befindet sich ein Biologischer Ablauf in der Wiederherstellungsphase zusammen mit einem präsenten Nierensammelrohrprogramm, dann wird die Wiederherstellungsphase verschlimmert, weil sich auch dort mehr Wasser ansammelt. Betrifft die Wiederherstellungsphase beispielsweise die Lungenalveolen (Todesangst) oder die Becherzellen (Erstickungsangst) wird noch viel mehr Sekret und Wasser an der Lunge auftreten. Dadurch kann der Betroffene eine starke Atemnot bekommen.

Wichtig zu wissen ist: In jeder Wiederherstellungsphase irgendeines Biologischen Notwendigen Ablaufs tritt eine Schwellung am entsprechenden Organ und jeweiligen Hirn-Relais auf. Wenn nun die Nierensammelrohre präsent sind, laufen zusätzliche Wiederherstellungsphasen mit verstärkten Schwellungsprozessen ab. Man spricht dann von einem Syndrom. Je nach Intensität und Lokalisation kann die Schwellung lebensbedrohlich werden. Zum Beispiel: Es liegt eine Wiederherstellungsphase am Kehlkopf (Schreckangst/Revierangst) vor und die Nierensammelrohre sind aktiv. In der Wiederherstellungsphase kann die Schwellung am Kehlkopf so stark sein, dass es zu einer lebensbedrohlichen Atemnot kommt.

Wenn eine starke Symptomatik es erforderlich macht, ins Krankenhaus zu gehen, werden die Symptome durch den aktuellen Nierensammelrohrkonflikt meist noch viel stärker, wenn man sich in der Klinik nicht zu Hause oder allein gelassen fühlt.

Aus diesem Grund ist es sinnvoll, erst einmal den Nierensammelrohrkonflikt zu vermindern, wenn möglich zu stoppen. Die Therapie richtet sich nach dem ursprünglichen Problem des Betroffenen. Ist beispielsweise ein realer Wassermangel die Ursache, liegt es auf der Hand: dem Menschen auch dann Wasser zu geben, wenn er sichtbar Wasser eingelagert hat. Liegt der Grund für die Einlagerung darin, dass sich die Person alleine fühlt, lässt sich das Problem durch ein eingehendes Gespräch (dem Menschen Zeit schenken, ihm aufmerksam zuhören, ihm vermitteln, dass er wichtig ist), eine Umarmung/Anfassen, oder durch ein Solebad reduzieren.

Sie erzählen Ihrem Hausarzt, dass Ihre Mutter vor Jahren einmal geschwollene Augen hatte und Sie fragen ihn, ob das damit auch etwas zu tun habe?
Sie erfahren von ihm, dass es sich tatsächlich um einen Nierensammelrohrkonflikt handelt. Sichtbar wird die Einlagerung an den Augen, weil dort die Haut sehr dünn ist. Ihre Schwester ist damals in Urlaub gefahren, die Ihre Mutter vorwiegend versorgt hat. Ihre Mutter hat sich für ihre Tochter gefreut, aber sie hat sich dann nicht mehr gut versorgt gefühlt! Heute hat die Mutter keine geschwollenen Augen mehr.

Es gibt noch viel mehr über diesen Ablauf zu sagen. Zur Ergänzung noch dieses:

Bei einem Nierensammelrohrprogramm kann man sehr schnell zunehmen, aber auch sehr schnell abnehmen, je nachdem, ob der Konflikt aktuell ist oder eher als belanglos empfunden wird. Wenn man Gewichtsschwankungen von mehr als drei bis vier Kilogramm am Tag hat, weiß man, dass diese Person einen mal mehr oder mal weniger starken Nierensammelrohrkonflikt hat.

Was passiert, wenn dieser Ablauf nicht mehr gebraucht wird? Wo geht das Wasser dann hin?"

Ist das Problem bewältigt geworden, weil man sich **nicht** mehr alleine fühlt, weil man wieder eine Perspektive hat, sich geborgen fühlt, das eigene Überleben gesichert ist oder die Mutter (bei Kindern) wieder da ist, wird in der ersten Wiederherstellungsphase die Urinausscheidung gesteigert. Man hat in dieser Phase trotz vermehrtem Trinken ein gesteigertes Durstgefühl. Wird das ausgeschiedene Wasser nicht ausreichend durch Trinken ersetzt, erhöht sich der Natriumspiegel im Blut. Man trocknet aus.

In der Wiederherstellungsphase wird die Zellvermehrung mithilfe der Mikroben wieder abgebaut. Dadurch kann der Urin unangenehm riechen, trübe (Eiweiß) aussehen und schäumen. Manchmal findet sich auch Blut im Urin, das kommt ebenfalls vom Abbau der zuvor stattgefundenen Zellvermehrung.
Außerdem treten in der Wiederherstellungsphase Nachtschweiß, Müdigkeit, Schlappheit und Fieber auf. In der Schulmedizin werden diese Zustände als Nierenentzündung oder Nierentuberkulose interpretiert.

Bei diesem biologischen Ablauf gibt es noch etwas Besonderes:
Befinden sich auf der rechten und linken Seite die Nierensammelrohre in der Präsenz (oder in der Umkehrphase), sprechen wir von einer Konstellation. In diesem Fall ist man desorientiert. Bei einer starken Intensität beidseits weiß der Betroffene nicht mehr, wo er ist. Er bleibt stehen und findet sich nicht mehr zurecht. Im Extremfall ist der Mensch zeitlich, räumlich, zur Person und örtlich desorientiert. Verschwindet die Desorientiertheit innerhalb von vier bis fünf Stunden, weiß man, dass der Betroffene soeben die Umkehrphase (UP) erlebt hat. Es kommt nicht selten vor, dass man in dieser Phase in eine Psychi-

atrie eingeliefert wird. In der Klinik bekommt man ein Rezidiv und die Symptome der Desorientiertheit stellen sich wieder etwas abgeschwächter dar. Es wird dann geglaubt, dass es die Medikamente waren, die dem Patienten geholfen haben, „den akuten Schub" zu überwinden.

Anmerkung: In der Umkehrphase kommt es zu einer stärkeren Symptomatik als in der Konfliktiven Phase (KP), deshalb sind die Symptome in der KP wieder abgeschwächter.

Befindet man sich mit irgendeinem Biologisch Notwendigen Ablauf in der Wiederherstellungsphase und mit den Nierensammelrohren in der Konfliktiven Phase, laufen alle Schwellungsprozesse verstärkt ab (= Syndrom). Für die Indikation eines Arzneimittels ist es wichtig zu wissen, dass die Wirkung durch den vorhandenen Verdünnungseffekt abgeschwächt oder gar nicht eintritt. Wenn man z.B. Schmerzen reduzieren möchte, die beispielsweise durch eine Knochenschwellung hervorgerufen werden, muss man vorher abschwellende Mittel einsetzen. Wenn man nun weiß, dass die bestehenden Schmerzen vorwiegend durch eine Wassereinlagerung zustande kommen, kann man dem Betroffenen einen konzentrierten Spargelsud zum Trinken geben. Das Gemüse hat eine stark ausschwemmende Wirkung. Man kann jedoch auch andere pflanzliche Arzneimittel einsetzen, beispielsweise Brennnessel, Schachtelhalm oder Goldrute, bevor man ein synthetisches Medikament benutzt. Das ist selbstverständlich von Fall zu Fall unterschiedlich.

Wenn man dadurch eine Wasserausscheidung erreicht hat, kann man ein Schmerzmittel einnehmen. Wenn man die Schwellung nicht beseitigen kann, wird der Einsatz von Schmerzmitteln oft sinnlos, weil praktisch keine Wirkung durch den Verdünnungseffekt erzielt wird.

Alle Schmerzarten erhöhen sich mit einem (oder zwei) sich in der Konfliktiven Phase befindlichen Nierensammelrohrkonflikten. Es tritt dann immer eine heftigere Schwellung (durch die Wassereinlagerung) in einer Wiederherstellungsphase auf (= Syndrom).

Befindet man sich in einer Wiederherstellungsphase **und** mit einem Nierensammelrohrkonflikt in der Konfliktiven Phase, sollte man **immer** zuerst versuchen, den Nierensammelrohrkonflikt einzudämmen, damit die Schmerzen abnehmen.

Der Effekt, wenn man der Person das Gefühl von Betreuung und Geborgenheit geben kann, zeigt sich in einer Reduzierung des Nierensammelrohrkonflikts und in der Folge mit einer Abnahme der Schmerzen und der Schwellung.

Übrigens: Der Placebo-Effekt hat im Prinzip sehr viel damit zu tun, ob man sich mit einer Therapieform zufrieden fühlt, an sie glaubt und ihr vertraut. Diese Gefühle gehen Hand in Hand mit dem Zustand des „Gut betreut seins“ und damit mit einer Reduzierung des Nierensammelrohrkonflikts. Wenn man es erreicht, dass sich die Person gut betreut fühlt, folgt schon meist eine Symptomreduzierung!

Das Wort „Krankheit“ ist also gar nicht mehr passend für diese Abläufe. „Kein körperliches Symptom ohne seelische Verletzung“ – das ist wirklich sehr treffend formuliert!

Wenn Sie sich mit den Basiskenntnissen der Universalbiologie auseinandersetzen möchten, empfehlen wir Ihnen an dieser Stelle das Buch von Giuliana Lüssi: „Die Universalbiologie - Eine Lebenseinstellung“.

Epilog

Seit über 150 Jahren versucht die Schulmedizin, Krankheiten zu bekämpfen. Sie hat den Killerviren, den bösartigen Tumoren, den heimtückischen Krebszellen, den wuchernden und den in uns zerstörenden Gewächsen den Krieg erklärt. Was man sonst nur von verschiedenen Religionen her kennt, vollführt die westliche Medizin, um Krankheiten zu erklären: Aus reiner Ratlosigkeit wurden Gebilde des Bösen erschaffen, damit man die Krankheitsursachen aus diesem Konstrukt heraus scheinbar erklären kann. Auf Grundlage dieser Theorien konnte man einen Schuldigen angeben (z.B. ein fiktives Virus, bösartige Zellen, usw.) und diese Hypothesen wurden für Krankheiten verantwortlich gemacht. Auf dieser scheinbaren Grundlage baut und konstruiert man immer mehr Krankheiten, obwohl die Ursachen in keiner Weise auf einer wissenschaftlichen Basis fundieren – sie sind reine Fantasie. Das Schlimme daran ist, dass die Menschen es glauben und weiterhin der Schulmedizin vertrauen, obwohl das Ganze auf einer reinen Glaubensgrundlage beruht. Der Schulmedizin kann man jedoch keinen Vorwurf machen, weil diese Basis sich auf dem Boden des materialistischen Weltbildes entwickelt hat. Im Prinzip wurden diese Annahmen irgendwann zu einem Selbstläufer. Uns ist bewusst, dass die Mediziner auch nur den Kranken helfen wollen und sie es einfach nicht besser wissen.

Mit dem Dogma des materialistischen Weltbildes wurde den Krankheiten ein Kampf angesagt, der heute in der Corona-Krise gipfelt, mit der Chance einen Wendepunkt einzuleiten.

Während vor 150 Jahren ein Husten, ein Husten war und ein Schnupfen, ein Schnupfen blieb, wurden die Symptome allein schon mit der Umbenennung in eine „Grippe“ oder in einen „bakteriellen Infekt“, um einiges bedrohlicher gemacht. Nach und nach fasste man die Symptome (z.B. Husten, Schnupfen, Fieber) dann nicht mehr nur unter dem Symptomenkomplex Grippe zusammen, sondern benannte sie nach fiktiven Viren, die nochmal weitaus gefährlicher klangen. Die nach Tieren benannten Grippen (Vogel- und Schweinegrippe) wurden immer mehr durch andere angstmachende Bezeichnungen, wie z.B. EHEC (2011), SARS-CoV (2003), Ebola (2016), MERS-CoV (2012), ZIKA usw. er-

setzt. Ein Husten war nicht mehr nur ein Husten, sondern wurde mit vielen anderen Symptomen in einen Topf geworfen, einmal umgerührt und heraus kam eine neue Erkrankung – samt einem dafür vorgesehenen Labortest, der die neue Krankheit bestätigen konnte. Heute heißt die Erkrankung Covid-19 und erreicht ihren materialistischen Höhepunkt darin, dass allein ein Testergebnis die Erkrankung und ihre Behandlungsweise bestimmt. Selbst ohne Symptome wurde es möglich, den Menschen als „krank" zu behaupten und unter Quarantäne zu stellen. Auf der anderen Seite bedeutet das, wenn jemand positiv getestet wird und unter Husten, Fieber, Schnupfen und Müdigkeit leidet, bekommt er den Kampf angesagt, mit Medikamenten, die für diese Symptome eigentlich nicht vorgesehen sind. Und das selbst dann, wenn er unter diesen Symptomen leidet und der Test negativ ausfällt!
Der Krieg wurde nämlich den erdachten Viren erklärt und die Behandlung orientiert sich nicht mehr an den Symptomen, die die **Menschen** haben. Das bedeutet, wir haben es heutzutage nicht mehr nur mit einer Symptombehandlung zu tun, sondern mit der letzten (?) Schlacht gegen einen Feind, der mit den heftigsten Geschützen vernichtet werden muss.
Im Fall von Corona reicht es auch nicht mehr aus, eine Impfung mit giftigen Aluminium und Quecksilber aufzufahren, nein, der Feind muss im Keim erstickt werden: Das gelingt nur mit einer keimverändernden Impfung. Damit begibt sich die symptombehandelnde, industrielle Medizin auf ein Gebiet, dem nicht nur Kampf und Vernichtung zugrunde liegt, und auch nicht mehr mit der materialistischen Denkweise gerechtfertigt werden kann. Wahrscheinlich entspricht diese keimverändernde Impfung dem Höhepunkt des Krieges. Wer wird diese Schlacht gewinnen? Natürlich geht es bei jedem Krieg um Geld und zwar um viel Geld. Bis jetzt verdient sich die Pharmaindustrie eine „goldene Nase"...

Betrachtet man nur die Krebsbehandlungen, muss man sich fragen, wieviel Patienten (= Geduldige) noch auf der Strecke bleiben müssen? Und wieviel Patienten müssen noch an den furchtbaren Nebenwirkungen der scheinbaren Behandlungen mit Kampfgasen (Chemo), Bestrahlungen und radioaktiver Verstümmelung leiden? Wieviel Patienten müssen noch durch die Zellgift-„Behandlung" (z.B. Chemo, Zytostatika, Antibiotika, usw.) dauerhaft Schaden nehmen?

Den Menschen, die dieser Behandlung und dem Medizinsystem vertrauen, kann man keinen Vorwurf machen – Nicht ein Patient wird über die wahren Hintergründe der Behandlung informiert. Im Gegenteil, den Betroffenen wird glaubhaft vermittelt, dass die Heilungschancen beispielsweise bei Krebs zwischen 80 bis 90 % Prozent liegen. Dass es sich dabei um die statistische, durchschnittliche Überlebenszeit der nächsten fünf Jahre handelt, ist den wenigsten bekannt. Außerdem stehen Menschen mit der Diagnose (meist egal um welche es sich dabei handelt – am schlimmsten ist natürlich immer noch die Diagnose Krebs) unter einem derartigen Schock, dass sie weder denken, noch nachfragen können. Mit der Diagnose bestimmt die Angst den weiteren Verlauf der Krankheit.

Blickt man zurück auf die 150 Jahre währende Medizin, muss man zusammenfassend sagen, dass diese auf Kampf eingestellte, materialistische Medizin versagt hat, weil sie so gut wie keine Krankheiten heilen konnte und bis heute nicht kann. Krebs tötet heute mehr Menschen denn je; Diabetes, Rheuma, Hautleiden, Asthma, Allergien, Rückenschmerzen – sonst seltene Krankheiten – sind heutzutage überhaupt keine Seltenheit mehr bei Jung und Alt. Chancen auf Heilung: So gut wie Null. Oder kennen Sie jemanden, der von seiner Allergie geheilt wurde, weil er Tabletten eingenommen hat? Kennen Sie einen Menschen, der mit der schulmedizinischen Behandlung von Diabetes, Herzleiden oder Arthrose befreit wurde? Nicht der Krebs oder die Krankheiten töten, sondern die falsche Behandlung derselben!

Wir ließen das Dogma der Medizin gewähren, die unserem Körper den Krieg und den Kampf erklärt hat, damit unser Organismus gesund werden kann. Wir stimmten zu, dass eine industrielle und nach Profit ausgerichtete Medizin uns mit giftigen und schädlichen Substanzen „behandelt“.
Wir schlossen uns der Annahme an, dass wir nur aus Materie bestehen, Krankheiten von außerhalb kommen oder uns innerlich zerfressen können. Die Medizin „behandelt“ nach Kriegsmanier Krebs mit den Waffen aus dem ersten Weltkrieg (Chemo ist ein Derivat des Senfgases), mit Bestrahlungen und mit Herausschneiden. Angeblich zu dickes Blut wird mit Rattengift verdünnt, mit Marcumar®. Marcumar® wurde dann zunehmend durch die noch gefährliche-

ren Mittel Pradaxa®, Eliquis® und Xarelto® abgelöst, für die es am Anfang noch nicht einmal ein Gegenmittel gab (Anmerkung: Die Wirkung von Marcumar® kann mit Vitamin K aufgehoben werden). Mittlerweile gibt es für diese Medikamente ein Gegenmittel, jedoch hat fast kein Krankenhaus das Gegenmittel vorrätig.
Fieber, Schmerzen, Husten – alles muss bekämpft werden. Für jedes Symptom gibt es gleich mehrere Mittel – hilft das eine nicht, dann vielleicht das andere. Kein Preis scheint zu hoch, kein Mensch zu jung, jedes Medikament ist recht.

Trotzdem solch schwere Geschütze aufgefahren werden, kann die Schulmedizin die meisten Krankheiten nicht heilen. Trotzdem die meisten Menschen unter dem Einsatz der Chemo oder radioaktiver Bestrahlung ein Leben lang unter den Folgeerscheinungen leiden, hat die Schulmedizin ein Hoheitsgebiet in diesem Bereich: Ihre aggressiven Methoden sind offiziell anerkannt und werden von den Krankenkassen bezahlt. Wer sich nach Alternativen umschaut, läuft Gefahr angegriffen zu werden, auf alle Fälle, wenn er die Diagnose Krebs nicht vom Fachmann behandeln lässt. Wer zu Heilpraktikern mit der Diagnose Krebs geht, gilt als Spinner und wird als verantwortungslos abgestempelt.

Die Verstrickungen, die mit der Angst (z.B. einer Diagnose oder der Gefahr vor Corona), den skrupellosen Geschäftsinteressen (die durchschnittlichen Kosten für eine konventionelle Krebsbehandlung liegen zwischen 100 000 und 150 000 Euro), dem panischen Aktionismus des Behandlungssystems (z.B. „Wenn Sie nicht sofort die Chemo machen, sind Sie in drei Wochen tot") und der von Seiten der Medizin großen Unkenntnis über ganzheitliche Behandlungsmethoden verschmolzen sind, wurden zu einem nicht mehr beherrschbaren Selbstläufer. Dieser Selbstläufer, der auf „Absprung" steht, heißt heute Corona. Morgen kann er vielleicht „Corona imperialis" genannt werden.

Mit Corona stehen wir zwar vor dem Abgrund, doch es gibt eine Brücke und diese heißt: Die Universalbiologie. Mit diesem Wissen können wir den Kampf beenden und die Waffen niederlegen.

Warum fällt es der Menschheit so schwer, aus dem materialistischen Weltbild herauszutreten? Warum glauben die meisten an krankmachende Viren?
Warum verlässt ein Großteil der Menschen das ihm vertraute Weltbild nicht?
Die Antwort finden wir in der Universalbiologie:
Sie können noch so viele Begründungen, Sachverhalte, Informationen, etc. vorbringen, der Großteil der Menschen verlässt das ihm vertraute Weltbild nicht. Warum? Weil die meisten Menschen in einem materialistischen Weltbild gefangen sind, das auf Kampf und Krieg ausgerichtet ist. Für diese Personen, auch wenn es Ihre Liebsten sind, gibt es nur ein „Entweder-oder" und nicht ein „Sowohl-als-auch" – dementsprechend ist ihr Weltbild mit ihrer Identität („Da ist mein Platz", „Da gehöre ich hin") verkoppelt und gefestigt. Wird an diesem Weltbild gerüttelt, aktivieren sich der Identitätskonflikt und/oder der Revierärger: Die Vorstellungen und Glaubenssätze werden verteidigt - bis zum bitteren Kampf (Verbale, aggressive Verhaltensweise). Das Ganze verläuft ohne Nachdenken, rein konfliktiv, am Verstand vorbei und häufig mit Gebrüll und Streit. Wer Talkshows mag, kann diese Vorgänge dort gut beobachten.

Je nach Stärke der Konflikte und dem Inhalt der Auslösenden Ereignisse sind die Identität und der Ärger im eigenen Bereich so fest mit der Identifizierung der eigenen Person an das Weltbild gekettet, dass diese Verbindung die Persönlichkeitsstruktur übernimmt. Beinhaltet dieses materialistische Weltbild die offizielle Meinung der Medizin, die auf Kampf und Krieg ausgerichtet ist, erklärt dies auch, warum manche Menschen sich mit Giften vollpumpen lassen, in dem Glauben, dass ihnen geholfen wird. Sie können nicht nachdenken und hinterfragen, weil ihr Weltbild ihrer Identität entspricht. Würden sie ihr Weltbild aufgeben, verlören sie ihre Persönlichkeit.

Wie in Talkshows auch, sind Argumente zwecklos, wenn sie noch so intelligent sind, denn jede Anzweiflung des Weltbildes, stellt eine Gefahr für die Betroffenen dar, die zwingend verteidigt werden muss. Jegliche Infragestellung des Wertesystems, des Dogmas, wird als Angriff gegen die Persönlichkeit empfunden und gewertet.

Das ist auch der Grund, warum manche Diskussionsrunden im Fernsehen einem Kindergarten- oder Schulstreit gleichen. Und das ist auch die Ursache dafür, dass manche Menschen diese Runden lieben und anschauen. Wenn Kinder untereinander streiten, ist der Zwist (wenn sich kein Erwachsener einmischt) in aller Regel schnell beigelegt. Unter Umständen bekommt ein Kind „eins auf die Rübe“ und die Grenzen sind damit geklärt – spätestens nach ein paar Minuten spielen die beiden wieder zusammen, als sei nichts gewesen. Die Shows im Fernsehen enden mit dem Sendeschluss und der beschwichtigenden Stimme der Moderatorin/des Moderators. Oder mit dem damaligen Klang der Kindergärtnerin oder der Lehrerin...?

Ist die Schwere des Identitäts- und/oder Revierärgerkonflikts (Ärger im eigenen Bereich) geringer, können Beispiele dem Menschen helfen, damit die Verkoppelung der Identität mit dem „allgemeingültigen“ Weltbild sich auflöst. Beispiele können gehört werden, weil sie sich nicht direkt auf das Weltbild und damit die Person beziehen. Aus diesem Grund lösen sie keine Gefahr, keinen Angriff oder keine Entwertung der Persönlichkeit aus.

Die Universalbiologie beinhaltet eine ganzheitliche Behandlungs- und Diagnosemethode, die wissenschaftlich überprüft werden kann. Damit bedient die Universalbiologie auch das materialistische Weltbild, das sich von Nachweisen, Forschungen und Beweisen nährt. Die Universalbiologie stellt nicht nur eine ganzheitliche Anschauung im Medizinwesen dar, sondern auch in der Biologie, in der Psychologie, in der Bildung, in der Politik, usw. – bei jedem Umgang mit allem Lebendigen. Aus diesem Grund hat die Universalbiologie mit ihrer Anwendung und ihrer Integration in unser Leben, das Potenzial einen Paradigmenwechsel einzuleiten und diesem standzuhalten, da es zum Wohle alles Lebendigen geschieht. Sie können diesen positiven Effekt für sich selbst wahrnehmen: Sie werden die Angst vor Krankheit, vor Ansteckung oder Viren dauerhaft ablegen. Sie werden die komplexen, biologischen Zusammenhänge begreifen und damit für sich selbst wieder die Verantwortung übernehmen.

Mit diesem Begreifen werden Sie imstande sein, die Waffen niederzulegen und den Blick durch das Teleskop zu erfassen, egal welchem Beruf oder welcher

Aufgabe Sie nachgehen. Zum Wohle der Menschheit und allem Lebendigen. Zum Wohle Ihrer Selbst und Ihrer Kinder.

In diesem Sinne -
Alles Gute für Sie!

Ursula Stoll und Dr. Stefan Lanka

Quellenangaben:

1: https://www.aerzteblatt.de/nachrichten/97838/Weltweite-Zahl-der-Krebsdiagnosen-steigt
2: https://www.zeit.de/wissen/gesundheit/2020-02/weltkrebsreport-prognose-verdoppelung-krebserkrankungen-2040-weltgesundheitsorganisation
3: https://de.statista.com/statistik/daten/studie/1090434/umfrage/fallzahl-und-todesopfer-des-coronavirus-in-china/
4:https://www.welt.de/newsticker/dpa_nt/infoline_nt/brennpunkte_nt/article145236429/4000-Tote-taeglich-in-China-durch-hohe-Luftverschmutzung.html
5: https://www.rnd.de/gesundheit/corona-heute-fallzahlen-am-07092020-karten-grafiken-und-tabellen-zum-coronavirus-ZF7G5L2KOREUFDX5XF4HGGXDFI.html
6: https://www.zeit.de/politik/2009-12/schweinegrippe-europa
7: https://www.mmnews.de/politik/152991-mediziner-offener-brief-an-merkel-wegen-corona-massnahmen
8: https://www.zi-mannheim.de/institut/news-detail/umfrage-37-prozent-trinken-mehr-alkohol.html
9: https://www.stern.de/gesundheit/der-preis-des-lockdowns----in-vier-wochen-suizide-wie-in-einem-ganzen-jahr--9275302.html
10:https://science.apa.at/rubrik/kultur_und_gesellschaft/Australische_Experten_fuerchten_Suizidwelle/SCI_20200507_SCI39351351654483228)
11:https://www.rki.de/DE/Content/InfAZ/N/Neuartiges_Coronavirus/Situationsberichte/Okt_2020/2020-10-14-de.html
12: https://www.bitchute.com/video/RpGkGohXFVUP/
13: https://www.legitim.ch/post/unfassbar-bill-melinda-gates-freuen-sich-auf-die-n%C3%A4chste-corona-welle
14: Miller's Review of Critical Vaccine Studies: 400 wichtige wissenschaftliche Papiere zusammengefasst für Eltern und Forscher von Neil Z. Miller, © 2016 ; ISBN: 978-188121740-4
15: https://uncut-news.ch/2020/04/09/robert-f-kennedy-jr-findet-klare-worte-zu-bill-gates/

16: https://www.scientificamerican.com/article/invisible-ink-could-reveal-whether-kids-have-been-vaccinated/
17: https://www.youtube.com/watch?v=TzTr_RjtgUk&feature=youtu.be und https://www.thelancet.com/journals/lancet/article/PIIS0140-6736(20)30418-9/fulltext
18: https://www.bitchute.com/video/EYAEL3444xrm/
19: https://www.aerzteblatt.de/nachrichten/109245/Remdesivir-Wirkt-gescheitertes-Ebolamittel-gegen-2019-nCoV
20: https://www.nejm.org/doi/full/10.1056/NEJMoa1910993
21: https://www.focus.de/gesundheit/news/beatmungsgeraete-in-der-kritik-viele-beatmete-covid-19-patienten-sterben-us-aerzte-schlagen-alternativen-vor_id_11877032.html
22: https://www.tagesschau.de/investigativ/ndr/krankenhaeuser-kurzarbeit-101.html **und** https://www.faz.net/aktuell/wirtschaft/unternehmen/zu-wenige-beerdigungen-bestatter-in-kurzarbeit-16865665.html
23: https://needtoknow.news/2020/07/infant-deaths-decrease-30-during-lockdown-coinciding-with-sharp-drop-in-vaccinations/
24: https://www.epochtimes.de/politik/deutschland/bericht-bund-will-teil-der-bestellten-beatmungsgeraete-nicht-mehr-abnehmen-a3288024.html
25: https://www.bz-berlin.de/berlin/charlottenburg-wilmersdorf/die-messehallen-bekommen-330-neue-corona-betten
26:https://www.rki.de/DE/Content/InfAZ/N/Neuartiges_Coronavirus/Fallzahlen.html
27: https://de.statista.com/statistik/daten/studie/405363/umfrage/influenza-assoziierte-uebersterblichkeit-exzess-mortalitaet-in-deutschland/
28: https://de.statista.com/statistik/daten/studie/1107749/umfrage/labortest-fuer-das-coronavirus-covid-19-in-deutschland/
29:https://www.rki.de/DE/Content/InfAZ/N/Neuartiges_Coronavirus/Fallzahlen.html
30:https://de.statista.com/statistik/daten/studie/1102667/umfrage/erkrankungs-und-todesfaelle-aufgrund-des-coronavirus-in-deutschland/
31: https://rsw.beck.de/aktuell/daily/meldung/detail/richterbund-rund-1000-eilantraege-gegen-corona-einschraenkungen
32: https://www.impf-info.de/pdfs/Coronoia/BMILEAK_Dokument93.pdf

33: https://www.medinside.ch/de/post/verhafteter-aargauer-arzt-in-der-psychiatrie
34: https://www.nordbayern.de/region/nuernberg/corona-denunziation-pro-tag-hunderte-anrufe-in-franken-1.10083483
35: WissenSchafftPlus Magazin; Ausgabe 2/2016 von Dr. Stefan Lanka
36: https://www.augsburger-allgemeine.de/politik/Jens-Spahns-Vier-Millionen-Villa-wird-zum-Politikum-id57940866.html
37: https://www.youtube.com/watch?v=J7Ic_bbRkXQ&feature=youtu.be
38: https://www.ndr.de/nachrichten/info/19-Coronavirus-Update-Masken-koennen-andere-schuetzen,podcastcoronavirus150.html
39: https://www.morgenpost.de/vermischtes/article229285626/Christian-Drosten-NDR-Podcast
40: https://de.euronews.com/2020/03/29/wei-russland-lukaschenko-bezeichnet-corona-ma-nahmen-als-psychose
41: https://www.rnd.de/gesundheit/corona-heute-fallzahlen-am-07092020-karten-grafiken-und-tabellen-zum-coronavirus-ZF7G5L2KOREUFDX5XF4HGGXDFI.html
42: https://www.zeit.de/politik/ausland/2020-03/coronavirus-schweden-stockholm-oeffentliches-leben/komplettansicht
43: https://www.welt.de/politik/ausland/plus208912951/Coronavirus-in-Schweden-Chaos-getarnt-als-Strategie.html
44: https://www.n-tv.de/panorama/Langfristig-koennte-Schweden-richtig-liegen-article21876864.html
45: https://www.nau.ch/news/schweiz/coronavirus-who-nennt-schweden-ein-vorbild-65701044
46: https://hejsweden.com/alter-schwede-lebenserwartung-deutschland-und-schweden/
47: https://www.rnd.de/politik/corona-tote-in-deutschland-alter-der-todesopfer-liegt-laut-rki-im-durchschnitt-bei-81-jahren-BMSQTV7EIIMFYGLFWGON5BRWGQ.html
48: https://hejsweden.com/alter-schwede-lebenserwartung-deutschland-und-schweden/
49: https://www.menschenrechte.online/2020/03/23/prof-dr-lothar-h-wieler-rki-das-es-eigentlich-keinen-erreger-gibt/

50: https://www.welt.de/politik/deutschland/article207167375/Merkel-zu-Corona-Solange-wir-keinen-Impfstoff-haben-wird-das-gelten.html
51: https://www.focus.de/finanzen/boerse/wirtschaftsticker/covid-test-an-papaya-who-weist-kritik-von-tansanias-praesident-zurueck_id_11966474.html
52: https://www.fr.de/panorama/corona-deutschland-virologe-streeck-lockdown-womoeglich-nicht-noetig-zr-13762762.html
53: https://www.youtube.com/watch?v=6NR5lEAvar4
54:https://de.statista.com/statistik/daten/studie/1104173/umfrage/todesfaelle-aufgrund-des-coronavirus-in-deutschland-nach-geschlecht/
55:https://www.rki.de/DE/Content/InfAZ/N/Neuartiges_Coronavirus/Verstorbene.html
56: https://www.aerzteblatt.de/archiv/214070/Umgang-mit-Corona-Toten-Obduktionen-sind-keinesfalls-obsolet
57: https://www.abendblatt.de/hamburg/article228908865/hamburg-corona-virus-uke-infektion-covid-19-pueschel-coronavirus-krise-patienten-impfstoff-immunitaet-krankenhaeuser-kontaktverbot-kliniken-infektionsrate-krankheit-pandemie-test-lungenkrankheit-sars-cov-epidemie-sars-cov-2.html
58: https://www.rubikon.news/artikel/die-geheilten-toten
59: https://www.destatis.de/DE/Themen/Gesellschaft-Umwelt/Gesundheit/Todesursachen/_inhalt.html
60:https://de.statista.com/statistik/daten/studie/1102667/umfrage/erkrankungs-und-todesfaelle-aufgrund-des-coronavirus-in-deutschland/
61: https://de.statista.com/statistik/daten/studie/1107749/umfrage/labortest-fuer-das-coronavirus-covid-19-in-deutschland/
62: https://www.br.de/nachrichten/deutschland-welt/faktenfuchs-so-werden-corona-todesfaelle-gezaehlt,RtnpYVL
63: https://www.journalistenwatch.com/2020/04/14/maas-corona-app/
64: https://www.spiegel.de/politik/deutschland/jens-spahn-ueber-die-corona-app-14-millionen-downloads-300-gemeldete-faelle-a-00000000-0002-0001-0000-000171875097
65: https://t3n.de/news/edward-snowden-warnt-virus-1266408/
66: https://www.rubikon.news/artikel/der-corona-totalitarismus
67:https://www.achgut.com/artikel/die_corona_app_eine_68_millionen_spielerei_fuer_nerds_und_neugierige

68: https://de.statista.com/statistik/daten/studie/158441/umfrage/anzahl-der-todesfaelle-nach-todesursachen/
69:https://de.statista.com/statistik/daten/studie/1102667/umfrage/erkrankungs-und-todesfaelle-aufgrund-des-coronavirus-in-deutschland/
70: https://www.mpiwg-berlin.mpg.de/Preprints/P125.PDF
71: https://www.gesundleben.org/merkblatt/merkblatt-4-97.htm
72: https://nzzas.nzz.ch/magazin/stadtflucht-gehen-wir-wegen-corona-zurueck-aufs-land-ld.1558616#back-register
73: https://www.zdf.de/nachrichten/politik/corona-impfstoff-merkel-geberkonferenz-100.html
74: Dr. Steinheim, „Wissenschaftliche Annalen der gesamten Heilkunde“, (1834).
75:https://de.statista.com/statistik/daten/studie/1132413/umfrage/todesfaelle-aufgrund-des-coronavirus-nach-weltregion/
76: https://www.news.de/panorama/855429040/pro-sekunde-ereignisse-auf-der-welt/1/
77: https://www.kreisbote.de/lokales/kempten/noma-krankheit-extremen-armut-7424978.html
78: „Impfen – eine Entscheidung die Eltern treffen“ von Veronika Widmer, 2007, klein-klein-verlag.
79:https://www.rki.de/DE/Content/Infekt/Impfen/Nebenwirkungen/nebenwirkungen_node.html
80: http://dipbt.bundestag.de/extrakt/ba/WP19/2636/263601.html **und** https://www.buzer.de/gesetz/2148/l.htm
81: „Impfen – Völkermord im dritten Jahrtausend? Karl Krafeld, Stefan Lanka, klein-klein-verlag, 2003
82: https://www.aerzteblatt.de/archiv/197155/Spanische-Grippe-Ein-Virus-Millionen-Tote
83: Richard E. Shop, «The R.E. Dyer Lecture. Influenza: History, Epidemiology, and Speculation», Public Health Reports, 73, Nr. 2 (Februar 1958): S. 170,171, und Alfred W. Crosby «America‘s Forgotten Pandemic», Cambridge (Cambridge University Press)
84: Ausführungen zu Virchows Leben und Wirkung in WissenschafftPlus Nr. 5/2015 und Nr. 6/2015

85: Anticontagionism between 1821 and 1867. Aufsatz von Erwin H. Ackerknecht in der Zeitschrift Bulletin of the History of Medicine, Volume XXII, The Johns Hopkins Press, 1948.
86: Das Robert Koch-Institut im Nationalsozialismus. Buch von Annette Hinz-Wessels, 192 Seiten, 2008. Kulturverlag Kadmos Berlin.
87: Bech V, Magnus Pv. Studies on measles virus in monkey kidney tissue cultures. Acta Pathol Microbiol Scand. 1959; 42 (1): 75–85.
88: Nakai M, Imagawa DT. Electron microscopy of measels virus replication. J. Virol. 1969 Feb; 3v (2): 187–97.
89: Lund GA, Tyrell, DL, Bradley RD, Scraba DG. The molecular length of measles virus RNA and the structural organization of measles nucleocapsids. J. Gen. Virol. 1984 Sep;65 (Pt 9): 1535–42
90: Daikoku E, Morita C, Kohno T, Sano K. Analysis of Morphology and Infectivity of Measles Virus Particles. Bulletin of the Osaka Medical College. 2007; 53 (2): 107–14.
91: Horikami SM, Moyer SA. Structure, Transcription, and Replication of Meas - les Virus. Curr Top Microbiol Immunol. 1995; 191: 35–50.
92: Siehe WissenschafftPlus Nr. 1/2014.
93: Zur Geschichte der frühen Virusforschung. Übersichtsarbeit von Prof. Karlheinz Lüdtke. Reprint 125 des MAX-PLANCK-INSTITUT FÜR WIS - SENSCHAFTS-GESCHICHTE, 89 Seiten, 1999.
94: Erbgut in Auflösung. Die ZEIT vom 16.6.2008. Siehe zu diesem Thema die Beiträge in WissenschafftPlus seit 2003.
95: http://www.theperthgroup.com
96: https://www.rosenfluh.ch/arsmedici-2017-04/impfungen-und-antikoerpertiter
97:https://www.rki.de/DE/Content/Infekt/EpidBull/Archiv/2012/Ausgaben/30_12.html
98:https://www.rki.de/DE/Content/Infekt/EpidBull/Archiv/2008/Ausgaben/24_08.pdf?__blob=publicationFile
99: https://www.nejm.org/doi/10.1056/NEJMoa2024671
100: https://www.aerzteblatt.de/nachrichten/115138/COVID-19-Impfstoff-schuetzt-Makaken-zuverlaessig
101: https://portal.dimdi.de/de/hta/hta_berichte/hta250_bericht_de.pdf

102: https://de.wikipedia.org/wiki/Rheumafaktor
103: https://www.gelbe-liste.de/wirkstoffe/Methotrexat_1187
104: https://telegra.ph/Der-Wissenschaftsbetrug-durch-Prof-Christian-Drosten-07-10
105: Bundesgesundheitsblatt, Ausgabe Nr. 12, Dezember 2010. Pandemien. Lessons learned https://link.springer.com/journal/103/53/12;
106: Diagnostika: Erster Test für neuartiges Coronavirus entwickelt. Medica Magazin vom 21.1.2020. https://www.medica.de/de/News/Archiv/Diagnostika;
107: Severe acute respiratory syndrome-related coronavirus: The species and its viruses – a statement of the Coronavirus Study Group. bioRxiv preprint doi: https://doi. org/10.1101/2020.02.07.937862;
108: Corona_Fakten; Telegram Kanal.
109: https://wwwnc.cdc.gov/eid/article/26/5/19-0994_article
110: https://mediatum.ub.tum.de/doc/602557/602557.pdf
111: „Fehldeutung Virus Teil I und II“ im Magazin WissenschafftPlus Nr. 1+2/2020; den Beitrag „Entwicklung von Medizin und Menschheit - wie geht es weiter?“ finden Sie im Magazin WissenschafftPlus Nr. 6/2015 und frei im Internet unter www.wissenschafftplus.de („Wichtige Texte“); die Einführung in eine neue Sichtweise auf das Leben Teil I bis III finden Sie in den Ausgaben Nr. 1, 2 und 3/2019 von WissenschafftPlus. Wasser begreifen, Leben erkennen. PI-Wasser: Mehr als nur energetisiertes H2O. WissenschafftPlus Nr. 6/2018. Dieser Beitrag ist frei auf unserer Internetseite www.wissenschafftplus.de in der Rubrik „Wichtige Texte“ zu finden.
112: https://www.deutschland-kurier.org/2020/10/michael-meyer-hermann-merkels-neuer-chef-wirrologeim-dienste-auch-von-bill-gates/
113: https://mediatum.ub.tum.de/602557
114:https://www.t-online.de/nachrichten/deutschland/id_87685030/kritik-an-corona-massnahmen-ermittler-sperren-homepage-von-coronoai-anwaeltin.html
115: „Mutschler Arzneimittelwirkungen“, 8. Auflage, 2001, Wissenschaftliche Verlagsgesellschaft Stuttgart

Literaturtipps

Literaturtipps um Thema Universalbiologie (Fünf Biologische Naturgesetze)

- Wissenschafftplus Magazin, LK-Verlags UG, Dr. Stefan Lanka, Maria Knoch
- "Die Universalbiologie – Eine Lebenseinstellung", Giuliana Lüssi, Praxis Neue Medizin Verlag, 2020
- "Du isst, wie Du bist" Band I, Ursula Stoll, Praxis Neue Medizin Verlag, 2017
- "Butter bei die Fische" Band II, Ursula Stoll, Praxis Neue Medizin Verlag, 2017
- "Die Sprache der Haut", Ursula Stoll, Praxis Neue Medizin Verlag, 2013
- "Kinderkrankheiten", Ursula Stoll, Praxis Neue Medizin Verlag, 2015
- "Medikamente-Grundlagen Band I", Ursula Stoll, Praxis Neue Medizin Verlag, 2017
- "Lernkarten – Organ/Keimblatt", Nicolas Barro, Praxis Neue Medizin Verlag, 2018
- "Lernkarten – Organ/Konfliktinhalt", Nicolas Barro, Praxis Neue Medizin Verlag, 2018
- "Lernkarten – Bewegungsapparat", Ursula Stoll, Praxis Neue Medizin Verlag, 2016
- "Lernkarten – Herz", Ursula Stoll, Praxis Neue Medizin Verlag, 2016
- "Erste Hilfe für unterwegs", Ursula Stoll, Praxis Neue Medizin Verlag, 2016
- "Die schönsten Verschwörungstheorien der Welt – mit Informationen um die Fünf Biologischen Naturgesetze", Ursula Stoll, Praxis Neue Medizin Verlag, 2016
- „Der Meister und sein Mythos", Johann S. Mohr, Amici di Dirk Verlagsgesellschaft, 2007
- "Die Quellen des Göttlichen", Johann S. Mohr, Wissenschafftplus Akademie und Verlag, 2014

Bezugsquellen für Bücher/Medien

www.wplus-verlag.de

www.praxis-neue-medizin-verlag.de

www.shop.gnm-wissen.de

Empfehlenswerter Telegram-Kanal

Corona_Fakten